Das Ziel dieses Ratgebers

Sie haben das Buch in der Hand und somit bereits die ersten Hürden genommen: Bewerbung, Einladung, Vorstellungsgespräche und schließlich die Unterzeichnung des Arbeitsvertrages sind Vergangenheit. Was nun folgt, ist das erfolgreiche Überstehen der Probezeit, der erste Kontakt mit neuen Kollegen und Kunden und mögliche Ideen, die Sie gerne als Fußabdruck im neuen Unternehmen hinterlassen möchten.

Ein paar Fakten vorweg:

- An der Spitze der Top-10-Liste der Einstellungskriterien liegen laut einer Studie des CRF-Instituts die Persönlichkeit und die Kommunikationsfähigkeit der Bewerber. Schlusslichter bilden die Faktoren Abschlussnoten und Dauer der Ausbildung.
- Fast jedes fünfte Arbeitsverhältnis scheitert während der Probezeit, schätzt Karrierecoach Jürgen Hesse aus Berlin.

Wie Sie Ihre Persönlichkeit positiv in den ersten 100 Tagen einsetzen und entwickeln – dabei möchten wir Sie mit diesem Ratgeber unterstützen. Wie Sie Türen öffnen und eventuell auch Ihren Einfluss im Unternehmen bzw. in der Abteilung einbringen können, zeigen wir Ihnen auf den nächsten Seiten. Denn souveränes Auftreten, Authentizität und der Beziehungsaufbau zu Menschen sind wichtiger, als sofort fachlich zu glänzen.

Gut gewappnet durch die Probezeit

Der Arbeitsvertrag ist unterschrieben, der Zuschlag wurde gebührend mit Freunden und Familie gefeiert und Ihr erster Auftritt im neuen Unternehmen schon zigmal im Kopf durchgegangen. Doch freuen Sie sich nicht zu früh, Kündigungen während der Probezeit kommen häufiger vor, als man denkt.

Damit Ihnen dies nicht passiert, sollten Sie wissen, wer Sie sind, was Sie können und wie Sie sich stilvoll in Szene setzen, ohne andere dabei vor den Kopf zu stoßen. Aller Anfang ist schwer, doch wer sich gut vorbereitet, meistert die ersten hundert Tage erfolgreich.

Netzwerke nutzen, Entscheider erkennen

Vor Ihrem Einsatz im neuen Unternehmen sollten Sie möglichst viele Informationen über die neue Firma eingeholt haben. Das Internet kann Ihnen dabei behilflich sein. Wenn Sie es nicht sogar schon vor dem Vorstellungsgespräch gemacht haben, schauen Sie auf Glasdoor oder Kununu, damit der erste Arbeitstag kein „Blind Date" wird. Auf diesen Plattformen teilen Mitarbeiterinnen oder ehemalige Mitarbeiter ihre Erfahrungen zu Betriebsklima, Entwicklungsmöglichkeiten und andere Insider-Informationen. Eine gute Chance, einen Blick hinter die Firmenfassade zu werfen.

> **!** ***Machen Sie sich ein Bild vom Chef***
> Den Inhaber eines Familienunternehmens sollten Sie schon einmal auf einem Bild gesehen haben. Es könnte sonst peinlich werden, wenn Sie ihn im Fahrstuhl oder in der Kaffeeküche nicht erkennen.

Es gibt einige Dinge, die in den ersten Tagen tabu sind. Klingt selbstverständlich, aber ist es oft nicht. Wer getreu dem Motto „kleine Verspätungen sind im Berufsleben normal" handelt, schadet sich und seinem Image. Vermeiden Sie, unpünktlich zur Arbeit oder zu Terminen zu erscheinen oder sich zu früh in den Feierabend zu verabschieden. Sprechen Sie nicht gleich über Ihren nächsten Urlaub, Sie haben gerade erst angefangen zu arbeiten! Geben Sie am Anfang nicht zu viel Gas. Arbeiten Sie nicht jeden Tag auf 130 Prozent. Sehr schnell könnte dies für Ihre Kollegen eine Erwartung an Sie werden, dass dies Ihr Standardeinsatz ist.

Die ersten Wochen dienen auch dazu, die Personen zu identifizieren, die für Sie am wichtigsten sind. Das können neben dem direkten Vorgesetzten auch andere Mitarbeiter und Kollegen sein. Versuchen Sie Einblick in versteckte Strukturen und ungeschriebene Gesetze zu bekommen.

Paten als Starthelfer

Schon am ersten Arbeitstag denken 15 Prozent der neuen Mitarbeiter an Kündigung. Der Grund: Sie fühlen sich oft unwohl oder überflüssig – meist, weil sich Vorgesetzte oder Kollegen im Vorfeld zu wenig mit der Neueinstellung aus-

einandergesetzt haben. Helfen kann hier ein Pate, der den neuen Mitarbeiter begleitet. Erkundigen Sie sich, ob Ihnen ein Pate zur Verfügung steht und treffen Sie die Person so schnell wie möglich zum ersten Kennenlerngespräch. Paten stehen oft als Ansprechpartner bei der sozialen Integration und je nach Rolle auch bei der fachlichen Integration zur Seite. Während der Patenschaft gibt der Pate der Führungskraft regelmäßig Feedback über die Entwicklung des neuen Mitarbeiters.

Prüfen Sie ebenfalls zu Beginn, auf wen Sie zugreifen können, wer Sie im Projekt unterstützt und wer wann im Prozess informiert werden muss. Sie sollten die Ressourcen kennen, die Ihnen zur Unterstützung zur Verfügung stehen.

!

Zu Beginn nicht zu fordernd auftreten

Seien Sie nicht zu fordernd, wenn Sie eine Ausarbeitung oder Informationen von einem Kollegen oder Assistenten benötigen. Keiner lässt sich gerne von einem neuen Mitarbeiter umherscheuchen und herumkommandieren. Bauen Sie erst eine Beziehung auf, seien Sie höflich, stellen Sie sich erst einmal vor, erklären Sie, warum Sie hier sind, und bringen Sie dann Ihre Bitte oder Ihr Anliegen vor. Immerhin möchten Sie ja, dass man Ihnen hilft.

Das erste Netzwerk, das Sie beim Start im neuen Unternehmen haben, ist meist das der Neuzugänge. Sie sitzen im selben Boot oft in unterschiedlichen Abteilungen, aber gerade das ist eine Tatsache, die Ihnen schnell zum Vorteil wird. Müssen Sie abteilungsübergreifend agieren, haben Sie

oft schon einen Ansprechpartner, den Sie aus der Einführungswoche oder der Vorstellungsrunde kennen. Im Small Talk kommen Sie sich schnell näher und man unterstützt sich gerne, da der Status „Neuzugang" meist einen Sympathiepunkt mit sich bringt.

Pflegen Sie Ihre Kontakte. Gehen Sie ab und zu gemeinsam essen, stellen Sie Menschen einander vor und erzählen Sie etwas von sich. Laden Sie Ihre neuen Kollegen und Geschäftspartner in Ihre sozialen Netzwerke ein.

Netzwerken Sie auf Weihnachtsfeiern, während der monatlichen Happy Hour, dem Betriebsausflug und auf sonstigen Veranstaltungen Ihres Unternehmens. Bleiben Sie nicht bei Ihren neu gewonnenen Lieblingskollegen kleben, sondern nutzen Sie die Plattform, die Ihnen geboten wird, um mit anderen Personen ins Gespräch zu kommen.

Viele Unternehmen arbeiten mit internen Messengertools für die interne Unternehmenskommunikation. Hier kann man mit den Kollegen chatten, um sich zum Mittagessen zu verabreden oder auch fachliche Projektgruppen gründen. Informieren Sie sich welche Chats bestehen und klinken Sie sich ein.

Unterschätzen Sie nicht das Treffen am Kaffeeautomaten. Viele Informationen und Neuigkeiten werden dort ausgetauscht. Bei einem informellen Small Talk haben Sie außerdem die Chance, Ihre soziale Kompetenz unter Beweis zu stellen.

Eine gute Gelegenheit sind auch Sportangebote des Unternehmens. Sie müssen nicht Ihre gesamte Freizeit für das Netzwerken opfern. Verbinden Sie einfach das Angenehme mit dem Nützlichen.

Social Media wirkungsvoll nutzen

Neben dem persönlichen Kontakt gibt es den online-Kontakt, den wir geschäftlich suchen. Es gibt eine Menge Menschen, die sich nicht auf die öffentlichen Internet-Plattformen wie Xing, Linked-in oder Facebook einlassen. Wir raten in Erwägung zu ziehen, dass dies ein Mittel ist, sich weltweit zu präsentieren und entsprechend netzwerken zu können. Wer weiß, vielleicht wird Sie der nächste Headhunter oder Arbeitgeber hierüber kontaktieren.

Wenn Sie sich bei Business-Plattformen anmelden und darstellen, sollten Sie einige Regeln beachten, was Ihre Selbstvermarktung betrifft. Vergessen Sie nicht, dass es sich um einen geschäftlichen Auftritt handelt und dass man Sie auch so wahrnehmen sollte. Es handelt sich hier um Ihre öffentliche Vita, die professionell wirken und nicht mit einem Urlaubsfoto ausgestattet sein sollte.

Die besten Tipps für Ihren Auftritt in der Online-Öffentlichkeit

Bevor Sie sich auf den Business-Plattformen anmelden, überlegen Sie, warum Sie das tun. Wollen Sie Marketing in eigener Sache machen? Oder Kontakte zu Geschäftspartnern und Freunden pflegen? Möchten Sie Events und Informationen sammeln oder sogar anbieten?

Fünf Schritte zum Online-Erfolg

1. Anmelden

Überlegen Sie sich gut, was Sie von sich preisgeben wollen – aber lassen Sie nicht zu viele leere Felder. Die Leser wollen schließlich wissen, wer hinter Ihrem Profil steckt.

Auch wer sich nicht mit Twitter und Co. beschäft gen möchte, sollte sich zumindest seinen eigenen Namen oder den der Firma dort sichern. So stellen Sie sicher, dass kein anderer unter diesem Namen Schindluder treibt oder dass der Name blockiert wird und Sie ihn später nicht mehr verwenden können.

2. Vernetzen

Suchen Sie nach Gruppen oder Firmen, die Sie kennen und schätzen.

3. Reden

Am Anfang reicht es völlig aus, wenn Sie ein wenig mitlesen, was die anderen so schreiben, um ein Gefühl für das neue Medium zu bekommen. Doch dann müssen Sie aus der Deckung kommen. Sorgen Sie dafür, dass andere gerne auf Ihre Profilseite surfen, weil es dort immer wieder Neues zu entdecken gibt.

4. Antworten

Hat ein Besucher einen Verbesserungsvorschlag für Ihren Internetauftritt unterbreitet? Schon haben Sie die Möglichkeit, einen Nutzer zum Fan zu machen. Antworten Sie den Men-

schen, die mit Ihnen in Kontakt treten möchten, gerne auch öffentlich in Foren oder per Kommentarfunktion. Seien Sie ehrlich, offen und versöhnlich. So nehmen Sie verärgerten Menschen schnell den Wind aus den Segeln.

5. Kontrolle

Meinungsäußerungen im Netz können außer Kontrolle geraten und sich zu einem echten Ärgernis für Sie entwickeln. Deshalb kann man vorsorglich einen professionellen Web-Monitoring-Dienstleister wie Webreputation oder Reputation Defender beauftragen, der mit speziellen Suchmaschinen die Social-Media-Sphäre kontinuierlich überwacht.

Der erste Eindruck zählt – auch im Web

Egal ob Website oder Facebook-Auftritt – das, was mit Ihnen in Verbindung gebracht werden soll, sollte auch auf den ersten Blick positiv erscheinen. Ein seriöser Auftritt im Web ist genauso wichtig wie ein gepflegter Auftritt in Person. Für Job-Starter kann die digitale Identität sehr wichtig sein. Sie sollten auch online seriös wahrgenommen werden. Der erste Eindruck ist oft entscheidend. Was sich dabei nicht gut macht, sind amateurhafte Internetauftritte oder zu viel Privates von sich preiszugeben. Grundsätzlich sollten Sie im Geschäftsleben mit Ihrem eigenen Namen auftreten und nicht unter einem Pseudonym wie „Peter0815" bloggen. Das gilt auch für Produktfeedbacks oder Rezensionen, die man lieber unter dem eigenen Namen abgeben sollte.

! *Verwenden Sie Ihren Namen*

Bloggen und chatten Sie im Business mit Ihrem eigenen Namen, nicht mit einem Pseudonym.

Ähnliches gilt auch für Ihre private E-Mail-Adresse. Hände weg von: Susy@abc.de. Ihre Mailadresse sollte Ihren Nachnamen, verbunden mit einem großen Provider beinhalten, das kommt beim nächsten Personaler oder Privatauftritt besser an. Leider kommt es dabei heute immer häufiger vor, dass Ihre Mail im Spamordner landet, da bei großen Providern oft eine Werbenachricht angehängt wird. Dies können Sie beim Versenden meist nicht ausschalten und Sie sehen erst nach dem Versand, was vom Provider angehängt wurde. Also noch besser ist es, seine eigene Domain zu besitzen und die Mailadressen selbst zu verwalten. Bei der eigenen Domain können Sie auch gleich die Webpage als Online-Profil nutzen.

Auf den Punkt gebracht

- Treten Sie im Internet seriös auf.
- Nutzen Sie eine private E-Mail-Adresse mit Nachname@provider.de oder eine E-Mail-Adresse mit einer eigenen Domain.

Reputation im Netz aktiv gestalten

Wer sich entscheidet, im Internet aktiv zu sein und die Businessportale zu nutzen, sollte sich an folgende Empfehlungen zur Selbstvermarktung orientieren:

Ein ansprechendes Bild

Das Bild, das Sie online stellen, sollte ansprechend sein. Damit meinen wir nicht ein lustiges Foto. Das Online-Bild sollte von einem Profi gemacht worden sein. Der Hintergrund sollte möglichst aufgeräumt und hell sein. Vermeiden Sie es, Urlaubsbilder oder einen Scan Ihres Passbilds einzustellen.

Der Xing-Experte Joachim Rumohr sagt: „Ein Foto muss mit dem Betrachter kommunizieren. Dabei spielen verschiedene Faktoren eine Rolle: die Blickrichtung, die Schärfe des Bildes, die Größe und die Position des Kopfes …" (www.derberater.de).

> ***Neu.de oder xing.com?***
>
> *Eine junge Frau wunderte sich darüber, dass sie bei ihrem Xing-Eintrag nur Kontakt-Anfragen von Männern bekam. Der Grund lag vermutlich am Bild: offenes, braunes langes lockiges Haar, ein schräger Blick in die Kamera über ihre linke Schulter und eine schulterfreie rote Rüschenbluse.*

Seien Sie sich im Klaren, dass es sich bei den Business- Portalen Xing oder Linked-in nicht um ein Kontaktportal wie Neu.de oder Elite-Partner handelt und wählen Sie Ihr Bild und Ihr Outfit auf dem Bild auch dementsprechend.

Das „Ich biete/ich suche"-Feld im Online-Profil

Die wenigsten wissen, was sie im „Ich biete/ich suche"-Feld sinnvollerweise eintragen sollen. Fragen Sie Ihren neuen Arbeitgeber, ob er eventuell einen Leitfaden zum Online-Auftritt für Xing & Co. hat. Neben Ihrem eigenen Namen ist es nämlich die Firma, für die Sie arbeiten, die sofort ins Auge springt.

Eine „neue Herausforderung" zu suchen, kann zum Beispiel bei einem Angestellten schnell nach hinten losgehen. Auch Ihr Chef durchforstet ab und zu das Internet und findet so schnell heraus, dass Sie sich nach einem neuen Job umsehen bzw. offen sind für neue Angebote.

Seien Sie auch bei der Definition der zu suchenden Kontakte etwas expliziterter. In welchem Bereich suchen Sie neue Kontakte? Beschreiben Sie in ein, zwei Sätzen, was Sie geschäftlich machen und in welchem Bereich Sie tätig sind.

Ihre Texte

Abgesehen vom Bild zeigt sich Ihr Auftreten im Netz auch durch Ihre Beiträge, Blogs und Texte, die Sie veröffentlichen. Auf seinem Business-Auftritt nur Bilder zu veröffentlichen, ist wenig zielführend. Schreiben Sie gute Texte oder Rezensionen, die anderen einen Mehrwert bieten.

> **!** ***Und vor allem:***
>
> Im Internet wird nicht gestritten.

Beschimpfungen oder respektlose Sprüche sind fehl am Platz – sie zeugen auch nicht von einer guten Kinderstube.

> **!**
> *Netzwerken ist Geben und Nehmen*
> Nutzen Sie Links und sprechen Sie auch über andere gut im Netz.

Wenn Sie sich an Blogs oder Foren beteiligen, achten Sie bitte immer darauf, wie alt die Einträge sind. Sehr oft kann man beobachten, dass neue Kommentare hinzugefügt werden, obwohl der Thread bereits drei Jahre alt ist.

> **!**
> *Unsere Tipps*
> - Sehen Sie Profile im Social Web als Chance und nutzen Sie sie.
> - Blogs werden von Suchmaschinen leicht gefunden. Nutzen Sie diese (wordpress.com).
> - Füllen Sie Ihre eigene Domain mit Inhalten oder verlinken Sie auf ein Profil an anderer Stelle.
> - Verlinken Sie Ihre Profile, wenn Sie im Netz mehrere haben.
> - Pflegen Sie Ihre virtuellen Kontakte mit Blog-Kommentaren oder in Online Clubs.

Was weiß das Netz über mich?

Machen Sie sich ab und zu die Mühe und suchen Sie mithilfe der großen Suchmaschinen nach Einträgen zu Ihrem Namen. Geben Sie Ihren Namen ein und überprüfen Sie sowohl Web-Links als auch Bilder auf den Inhalt. Wenn einige nette Freunde die letzte Feier online gestellt und die Beteiligten auch noch mit Namen beschriftet haben, sollten Sie Ihren Bekannten bitten, dieses Bild in Ihrem Interesse wieder aus dem Internet zu löschen.

Allerdings vergisst das Internet nicht so schnell. Alles, was bei Ihnen im Cache gespeichert ist und bis zu vier Wochen abgerufen wird, bleibt z. B. bei Google verfügbar. Sollten Sie also immer wieder über Ihren Cache nachschauen, ob das Bild nun gelöscht ist, verlängert sich die Zeit der Cachespeicherung bei Google wieder um vier Wochen.

Inzwischen gibt es mehrere Unternehmen, die unliebsame Beiträge und Bilder aus dem Netz löschen. (deinguterruf.de, webkiller.de; netzausglas.de, …)

Finden Sie Beschimpfungen oder negative Beiträge über sich, können Sie den Administrator des Blogs oder Threads bitten, die Textpassagen löschen zu lassen.

!

Werden Sie nicht jedermanns Freund

Für manche Menschen scheint das Sammeln von Kontakten ein Sport zu sein. Wer grundsätzlich jeden Kontakt bestätigt, läuft Gefahr, Daten unachtsam Fremden zugänglich zu machen.

Als Nutzer von Online-Netzwerken sollten Sie sich darüber bewusst sein, welches Profil Sie im Netz hinterlassen und welche Informationen Sie preisgeben. Dies gilt sowohl für den privaten Nutzer als auch für Unternehmen. Prüfen Sie daher besonders intensiv die Einstellungen Ihrer Profile.

Facebook bietet zum Beispiel die Möglichkeit, die Einstellung des eigenen Profils sicherer zu gestalten. Im Bereich „Privatsphäre Einstellungen" sollten Sie sicherstellen, dass private Daten auch nur Bekannten zugänglich sind. Private Fotos gehören nicht in dieses Profil, denn mit der Einrichtung eines Profils erklärt sich der Nutzer damit einverstanden, dem Anbieter die Rechte an allen eingestellten Inhalten wie Informationen, Fotos oder Videos zu erteilen.

Ohne Facebook gibt es im 21. Jahrhundert kein soziales Leben

Viele Jugendliche und Studierende können es sich gar nicht mehr vorstellen, wie man ohne StudiVZ, SchülerVZ oder Facebook wissen soll, auf welche Party es am Abend geht. Wer nicht online ist, bekommt nichts mit und wird nicht eingeladen.

Ganz so schlimm ist es im Geschäftsleben zum Glück noch nicht. Gut vernetzt zu sein hilft aber auch hier, zu spannenden Vorträgen oder Events eingeladen zu werden.

Im Zeitalter von Cloud, Dropbox, Twitter, Blogs und Foren wird es zunehmend schwieriger, den Überblick und die Kontrolle über die eigene Online-Reputation und die eigenen Daten zu bewahren. Setzen Sie ein Google Alert mit eigenem Namen, so erfahren Sie schnell, was über Sie im Internet veröffentlicht wird.

Je mehr man in sozialen Onlinenetzen aktiv ist und Spuren hinterlässt, desto größer ist das Risiko, dass dabei Informationen an die virtuelle Oberfläche gelangen, die uns im Job und/oder Privatleben irgendwann hinderlich sein könnten. Auf die eigene Reputation im Internet zu achten, ist damit mindestens genauso wichtig wie das Einsetzen des Social Webs zum Aufbau eines positiven Rufs.

Auf den Punkt gebracht

- Achten Sie auf einen einheitlichen Auftritt auf allen Plattformen.
- Es ist bekannt, dass unvorteilhafte Schnappschüsse von der letzten Party nicht förderlich für Ihr Image sind. Stellen Sie nur seriöse Fotos ins Netz.
- Schalten Sie ein Überwachungssystem ein – Sie können das Internet nicht ständig vollständig scannen. Zum Beispiel: GoogleAlert, Ruflotse.de, MyImage-Control

Zusammenfassung

13 Regeln im Überblick

1. Gestalten Sie durch Kleidung, Freundlichkeit und professionelle Vorbereitung Ihren ersten Eindruck positiv.
2. Seien Sie zuverlässig. Dazu zählt pünktlich in Meetings zu sein, Termine einzuhalten und zurückzurufen, wenn man es versprochen hat.
3. Fragen Sie viel nach und machen Sie sich Notizen.
4. Prägen Sie sich die Namen Ihrer neuen Kollegen ein. Sprechen Sie sie so oft wie möglich mit Namen an.
5. Zeigen Sie Interesse, aber seien Sie nicht „oberschlau".
6. Machen Sie sich in Ruhe ein eigenes Bild vom Unternehmen und den internen Machtstrukturen.
7. Bauen Sie einen guten Draht zu Assistentinnen auf – Sie werden sie brauchen.
8. Gehen Sie mit verschiedenen Kolleginnen und Kollegen zum Mittagessen. Nicht von Beginn an klüngeln.
9. Geben Sie etwas Privates von sich preis.
10. Bringen Sie Ideen vorsichtig an, nicht überheblich.
11. Kennen Sie Ihre Stärken und nutzen Sie sie.
12. Berichten Sie von Erfolgen und gestalten Sie Ihr Image selbst.
13. Überzeugen Sie mit einem professionellen Auftritt, denn für den ersten Eindruck gibt es bekanntlich keine zweite Chance.

Die Autorinnen

Bevor sich die beiden Autorinnen Anke Quittschau und Christina Tabernig 2003 als Trainerinnen und Karriereberaterinnen selbstständig gemacht haben, arbeiteten beide lange Jahre in verantwortungsvollen Positionen in der Industrie. Mit diesem Ratgeber möchten beide nun auch per Buch Menschen auf dem Karriereweg erfolgreich unterstützen.

Mehr Informationen unter www.korrekt.de.

Impressum:
Verlag C. H. Beck im Internet: www.beck.de
ISBN Print: 978-3-406-73336-9
ISBN E-Book: 978-3-406-73337-6

Wilhelmstraße 9, 80801 München
Satz: Fotosatz Buck, 84036 Kumhausen
Druck und Bindung: Beltz Bad Langensalza GmbH
Am Fliegerhorst 8, 99947 Bad Langensalza
Umschlaggestaltung: Ralph Zimmermann – Bureau Parapluie
Umschlagbild: © goodluz – fotolia.com
Gedruckt auf säurefreiem, alterungsbeständigem Papier
(hergestellt aus chlorfrei gebleichtem Zellstoff)

So nutzen Sie dieses Buch

Die folgenden Elemente erleichtern Ihnen die Orientierung im Buch:

Beispiele und Übungen: *In diesem Buch finden Sie zahlreiche Beispiele, die die geschilderten Sachverhalte veranschaulichen, sowie Übungen, die Ihnen helfen, Ihr Auftreten zu optimieren.*

Definitionen: *Hier werden Begriffe kurz und prägnant erläutert.*

! Die Merkkästen enthalten Empfehlungen und hilfreiche Tipps

Auf den Punkt gebracht

Am Ende jedes Kapitels finden Sie eine kurze Zusammenfassung des behandelten Themas.

Die ersten 100 Tage im neuen Job

Vom Start weg erfolgreich

Christina Tabernig und Anke Quittschau

2. Auflage

C.H.BECK

Inhalt

Auf den Punkt gebracht

- Nutzen Sie interne Veranstaltungen, Seminare und Feste, um neue Menschen kennenzulernen.
- Bieten Sie eventuell selbst neue Veranstaltungen/ Sport/Kultur an, wenn Sie die Zeit dafür haben.
- Pflegen Sie Ihr erstes Netzwerk „Neuzugänge" – es ist abteilungsübergreifend.

Marketing in eigener Sache

Egal, ob der Chef Sie durch die Abteilungen führt oder Sie sich vor dem Team selbst vorstellen: Überlegen Sie sich eine kurze Einleitung, die alle wichtigen Informationen zu Ihrer Person, Ihrer bisherigen Laufbahn und Ihrem neuen Aufgabenbereich enthält. Ein Kuchen zum Einstand ist nie verkehrt – und vergessen Sie auf keinen Fall, auch den Chef dazu einzuladen.

Keiner erwartet von Ihnen, dass Sie am Anfang sofort alles wissen und reibungslos mitarbeiten können. Natürlich sollte man den gleichen Fehler nicht dreimal hintereinander machen, doch sind Fehler gerade am Anfang alles andere als ungewöhnlich. Versuchen Sie nie, einen Fehler zu verheimlichen, sondern fragen Sie stattdessen nach, wie Sie ihn beim nächsten Mal vermeiden können. Stehen Sie zu Ihren Fehlern.

!

Saugen Sie Informationen wie ein Schwamm auf

Am Anfang eines neuen Jobs steht viel Recherche, Zuhören und Lernen an. Schreiben Sie sich Stichworte auf, die Ihnen unklar sind und die z. B. in einer Besprechung auftauchen, und recherchieren Sie in einer ruhigen Stunde im Intranet oder Internet das betreffende Thema. Sperren Sie in der ersten Zeit Augen und Ohren auf und lernen Sie die gängigsten Fachtermini. Unbekannte Abkürzungen können Sie natürlich auch direkt im Gespräch erfragen.

Vergessen Sie nicht, Dinge, die Sie erfolgreich gemeistert haben, auch für sich in Anspruch zu nehmen und anderen davon zu erzählen. Marketing in eigener Sache heißt, sich nicht schlecht zu fühlen, wenn man etwas erreicht hat. Schreiben Sie sich Ihre Erfolge auf, damit Sie diese auch parat haben, wenn Sie ins Feedback-Gespräch mit Ihrem Vorgesetzten gehen. Das, was Sie leisten, wird nur selten gesehen, wenn Sie aber davon angemessen erzählen, wird man sich an Sie erinnern als: „Ach ja, Sie sind der/die, die damals das Event/Vortrag/Projekt … geplant hat."

!

So steuern Sie Ihr Image

Es ist nicht die Wahrheit, sondern die Wahrnehmung der anderen, die Ihr Image prägt.

Sollten Sie ein Kompliment von einem Kollegen oder Geschäftspartner erhalten, nehmen Sie es dankend an.

> *„Ja, mir hat es auch sehr viel Spaß gemacht." Oder: „Ich bin auch wirklich stolz auf die Entwicklung …", „Wie schön, dass Ihnen das auffällt, ich habe mir auch wirklich Mühe gegeben …", „Danke, das finde ich auch."*

Stellen Sie Ihr Licht und Ihre Leistung nicht unter den Scheffel. Stehen Sie dazu, was Sie erreicht haben, und seien Sie stolz auf die Erfolge. Lassen Sie sich Referenzschreiben von Kunden oder Geschäftspartnern geben, wenn ein Projekt erfolgreich abgeschlossen wurde. Geben Sie diese an Ihren Vorgesetzten weiter und verschließen Sie sie nicht in Ihrer kleinen Schatztruhe. Sie können positive E-Mails oder Dankesschreiben von Kunden an Ihren Vorgesetzten weiterleiten mit dem Vermerk: „Das könnte Sie interessieren …".

!

Unsere Tipps

- Tun Sie Gutes und sprechen Sie davon.
- Vertuschen Sie Ihre Fehler nicht und behaupten Sie nicht von sich, dass Sie nie Fehler machen.
- Haben Sie eine gute Selbstvorstellung für die neuen Kollegen parat.
- Schätzen Sie die Arbeit Ihrer Kollegen.
- Fragen Sie nach, wenn Sie etwas nicht verstehen – gerade am Anfang.

Ihre Persönlichkeit: Selbstbild – Fremdbild

Eventuell haben Sie bereits von verschiedenen Persönlichkeitstests gehört oder sogar diverse Varianten ausprobiert. Aber was ist eigentlich Ihre Persönlichkeit? Was zeichnet Sie aus? Wie ist Ihr Charakter? Wo liegen Ihre Stärken?

Die Persönlichkeit ist nicht starr, sondern kann sich im Laufe des Lebens verändern. So sind auch Sie nicht in Ihren Persönlichkeitseigenschaften „gefangen", sondern können an einigen Punkten arbeiten, wenn Sie das für wichtig halten. Man spricht oft von den eigenen Stärken. Diese sind nichts anderes als die positive Ausrichtung besonderer Persönlichkeitseigenschaften.

Während des Bewerbungsprozesses und bei der Wahl des richtigen Jobs haben Sie sich bestimmt einige Gedanken gemacht. Was macht Ihnen Spaß? Was können Sie gut? In welchem Umfeld fühlen Sie sich wohl und wo möchten Sie arbeiten? Welche Anforderungen hat die Position, auf die Sie sich bewerben? Und erfüllen Sie diese?

All diese Fragen und selbstverständlich noch viele mehr sind Bestandteil des Bildes, das uns prägt und das andere von uns haben. Und oft ist genau das, was wir denken zu sein, und das, was andere sehen, doch unterschiedlich.

Übung: Feedback einholen

Schreiben Sie auf, was Sie für Ihre stärksten Eigenschaften halten (positiv). Bitten Sie drei Personen (Freundeskreis, Familie und eine Person, die Sie nicht so gut kennt, z. B. Arbeitskollegen), diejenigen Charaktereigenschaften aufzuschreiben, die sie an Ihnen schätzen. Es geht hier nur um die positiven Eigenschaften und Ihre Stärken, nicht um Ihre Schwächen!

Vergleichen Sie, inwieweit das Fremdbild mit Ihrem Selbstbild übereinstimmt. Wie gut können Sie sich selbst einschätzen und wie gut können Sie wahrnehmen, was bei Ihren Mitmenschen ankommt? Vermitteln Sie eventuell Eigenschaften, die (noch) gar nicht wahrgenommen werden?

Sich das Fremdbild, also die Wahrnehmung Ihrer Mitmenschen, von Zeit zu Zeit einzuholen, ist immer eine Möglichkeit, an sich selbst zu arbeiten und ein Feedback zu bekommen.

Diese Übungen können Sie später immer wieder wiederholen. Eventuell haben sich einige Eigenschaften verstärkt oder andere sich verändert. Es kann aber auch sein, dass Sie versuchen, einen Charakterzug darzustellen, der aber in Ihrer Beziehung zu anderen Menschen gar nicht wahrgenommen wird. Entweder wirken Sie also nicht authentisch in diesem Bereich oder andere Charaktereigenschaften stehen im Vordergrund und erst wenn man Sie besser kennenlernt, nimmt man weitere Eigenschaften wahr.

Die oben vorgeschlagene Übung des „Feedbackeinholens" ist im Grunde mit einem kritischen Blick in den Spiegel zu vergleichen. Es geht darum, die eigenen Stärken zu stärken – nicht die Schwächen zu vermindern.

!

Unsere Tipps

- Wer nicht ab und zu innehält und sich mal kritisch beäugt, wird sich auch nicht weiterentwickeln.
- Überprüfen Sie Ihr Stärkenprofil von Zeit zu Zeit. Was hat sich verändert? Wo sind Sie noch stärker geworden?

Quellen für Selbstsicherheit

In Bewerbungsinterviews ist es üblich zu fragen, wo Sie sich in fünf Jahren sehen. Nun, nicht jeder kann diese Frage beantworten, aber finden Sie für sich eine grobe Richtung und machen Sie sich selbst eine Agenda bzw. setzen Sie sich Ziele, die Sie auch erreichen können. Was möchten Sie innerhalb des nächsten Jahres erreichen? Haben Sie eventuell einen guten Vorsatz fürs neue Jahr? Auch das gehört dazu. Ein Jahresrückblick gibt Ihnen schnell Aufschluss darüber, ob Sie Ihre Jahresziele erreicht oder sogar übererfüllt haben.

Eine Quelle, um Ihre Selbstsicherheit zu stärken, finden Sie auch in Ihrem Erfolgstagebuch:

Übung: Erfolgstagebuch

Schreiben Sie sich auf, was Ihnen gelungen ist:

- *Gab es ein Feedback, das besonders gut war?*
- *Haben Sie einen Auftrag oder ein Projekt abgeschlossen, an dem Sie lange gearbeitet haben?*
- *Haben Sie einen Artikel veröffentlicht oder einen Beitrag ins Intranet eingestellt, der gelobt wurde?*
- *Haben Sie eine Kundenveranstaltung ehrenamtlich unterstützt?*
- *Haben Sie das Firmen-Sommerfest organisiert?*
- *Gab es Teamerfolge, an denen Sie beteiligt waren?*
- *Haben Sie Komplimente erhalten?*

Diese Liste ist auch hilfreich, wenn Sie ein Feedbackgespräch haben – nehmen Sie Ihr Erfolgstagebuch einfach mit. Sich diese täglichen Erfolge regelmäßig zu Gemüte zu führen stärkt Ihr Selbstbewusstsein. Gerade wenn es mal nicht so rundläuft, ist der Blick auf Ihre Erfolge eine Bestätigung dafür, dass Sie etwas erreichen können.

Belohnen Sie sich selbst, wenn Sie einen Erfolg verbuchen. „Work hard – play hard" darf ruhig eines Ihrer persönlichen Mottos sein. Wer sich selbst liebt – nicht zu viel! – strahlt diese Souveränität auch aus.

Verschaffen Sie sich am Anfang einen Überblick für sich selbst. Welche Aufgaben und neuen Herausforderungen werden in den nächsten 100 Tagen auf Sie zukommen?

! ***Welche Aktivitäten sind notwendig?***

Machen Sie sich bewusst, in welchen Bereichen Sie aktiv werden müssen.

Hier ein Überblick:

Veränderungsbereiche der ersten 100 Tage	
Innere Vorbereitung	Selbstbild–Fremdbild überprüfen Sich der eigenen Stärken bewusst werden Eigene Erwartungen kennen Quellen für Selbstsicherheit finden
Unternehmensstruktur, Regeln und Kultur kennenlernen	Firmeninformationen sammeln Zuständigkeiten und Namen kennen Offizielle und inoffizielle Regeln verinnerlichen

Veränderungsbereiche der ersten 100 Tage	
In das Aufgabengebiet einarbeiten	Fragen, aktiv zuhören und aufmerksam sein Eigenes Fach-Handbuch erstellen Aus Fehlern lernen Aufgaben erledigen und Feedback einholen
Eigene Rolle im Unternehmen verstehen	Arbeitsabläufe kennenlernen Die eigene Rolle im Ganzen sehen Meetings nutzen, um Zusammenhänge zu verstehen
Konstruktiv und korrekt mit Vorgesetzten arbeiten	Respekt als Schlüssel Sich trauen, den Chef anzusprechen Feedback einholen Um Rat bitten
Kollegen kennenlernen	Die Anrede klären (du/Sie) Von sich erzählen Aktiv den Kontakt suchen Interesse für die Arbeit der Kollegen signalisieren
Teamplayer sein	Schnell selbstständig werden Eigene Fehler zugeben Konstruktiv mit Kritik umgehen Verbesserungsvorschläge einbringen
Hilfe annehmen und anderen helfen	Einarbeitung und Unterstützung durch andere Selbst Hilfe anbieten Sich nicht zu viel aufbürden lassen

Veränderungsbereiche der ersten 100 Tage	
Neue, schwierige Aufgaben meistern	Neue Projekte einführen Mit Druck und Gegenwind umgehen können Mögliche Überstunden akzeptieren Rückschläge aushalten und nutzen
Image aufbauen und pflegen	Vertrauen bei Kollegen aufbauen Small Talk mit Kollegen pflegen Eigenes Image gestalten Gute Stimmung fördern

Auf den Punkt gebracht

- Führen Sie ein Erfolgstagebuch.
- Feiern Sie Ihre Erfolge.
- Erzählen Sie anderen von Ihren Erfolgen und belohnen Sie Ihr Team.
- Setzen Sie sich kleine Ziele, die erreichbar sind.

Wege durch das Karriere-Labyrinth

Das geschäftliche Parkett hat manchmal mehr Fettnäpfchen, als einem lieb sein kann. Das fängt schon mit der korrekten Kleidung an, setzt sich mit der ersten Begegnung und der Begrüßung fort. Oft ist man verunsichert, wie man Personen korrekt anspricht, wenn sie einen oder mehrere akademischen Titel oder einen Adelstitel führen.

Die gute „Kinderstube" haben Sie genossen und trotzdem sind Sie unsicher, wie es ganz genau geht. Das folgende Kapitel gibt einen Überblick über die gröbsten Schnitzer und wie Sie sie vermeiden können. So bekommen Sie Sicherheit im täglichen Auftritt und im Umgang mit Kollegen und Vorgesetzten.

Agile Strukturen und Knigge – wie passt das zusammen?

Das Zauberwort agil steht für „lebhaft", „rege" oder „energiegeladen". Teams sollen mit agilen Techniken schneller, reaktionsfähiger und effektiver werden. Es ist als Abgrenzung zur „alten" Arbeitswelt gemeint, die sehr stark durch Anweisung und Steuerung, Kontrolle, Planung, geprägt ist. Die Idee agiler Softwareprogrammierung beispielsweise war es, sich schneller an verändernde Rahmenbedingungen anzupassen. Und dies basiert auf der hohen Selbstverantwortung in den Teams.

Agilität fängt jedoch bei den Werten an. Sich selbst organisierende Teams können nur funktionieren, wenn sich die

Teammitglieder auf Augenhöhe begegnen und wertschätzend miteinander umgehen.

Wertschätzung bedeutet, dass man die Regeln des Miteinander kennt und einhält. Deshalb kommen die guten alten Regeln des Umgangs niemals aus der Mode.

Dresscodes kennen

Die Regeln für die Kleidung im Büro sind wesentlich lockerer, als noch vor einigen Jahren. Was aber nicht bedeutet, dass man alle Regeln ignorieren kann. Viele Unternehmen möchten mit einem legeren Dresscode zunächst jungen Bewerbern signalisieren, dass es sich um ein modernes Unternehmen handelt. Doch diese Lockerheit darf nicht mit der unveränderten Erwartungshaltung des Umfeldes verwechselt werden. Nur weil der Vorgesetzte keine Krawatte mehr trägt, muss sein Führungsstil nicht locker sein.

„Ich habe nichts zum Anziehen!“ oder „Was ziehe ich bloß an?“. Diese Sätze kennt man nur zu gut von Frauen, die vor ihrem Kleiderschrank stehen. Allerdings sollten sich nicht nur Frauen diese Frage stellen, sondern jeder, der sich auf dem geschäftlichen Parkett bewegt.

Nun hat man das Vorstellungsgespräch hinter sich gelassen und der erste Arbeitstag steht vor der Tür. Ziehen Sie möglichst nicht dasselbe Outfit wie beim Vorstellungsgespräch an. Vorgesetzte und Kollegen können sich sehr wohl merken, wie Sie beim ersten Mal aufgetreten sind.

Sie sollten – auch wenn es der Start Ihrer Karriere ist – eine gewisse Basisausstattung im Kleiderschrank haben. Informieren Sie sich noch vor dem ersten Arbeitstag, welche Kleidung in der Branche bzw. im Unternehmen üblich ist. Der Faktor Kleidung ist enorm wichtig, denn das richtige Outfit drückt Zugehörigkeit aus und kann einen größeren Sprung auf Ihrer Karriereleiter begünstigen. Angemessene Kleidung ist also ein nicht zu unterschätzender Erfolgsfaktor.

Auch am Casual Friday – nicht zu verwechseln mit „Business Casual" – sollten Sie nicht zu entspannt im Büro auftauchen. Bedenken Sie, dass Sie immer unter Beobachtung stehen. Wer jetzt zu locker auftritt, kann schnell abgeschrieben sein. Je früher Sie sich an eine Stoffhose statt Jeans gewöhnen, umso besser für Sie. Vergessen Sie nicht, dass Sie ein Unternehmen repräsentieren. Zu viel Individualität könnte in einigen Unternehmen schädlich sein.

> **!** ***Am Anfang lieber etwas formeller***
>
> Seien Sie am Anfang lieber etwas konservativer als zu locker und modisch gekleidet.

Was heißt das genau? Für die Herren ist je nach Branche ein Anzug mit langärmeligem Hemd in hellen Tönen (z. B. weiß oder hellblau) und teilweise Krawatte üblich.

Der Anzug sollte passen. Also nicht zu lang an den Ärmeln oder Hosenbeinen sein. Sprich, der Ärmel bedeckt das Handgelenk und die Manschette schaut maximal zwei Fingerbreit unten heraus.

Die Hosenbeine enden hinten am Absatzanfang der Schuhe und werfen am Vorderbein nur eine Falte – bitte keine Ziehharmonika-Variante.

Kaufen Sie gleich zwei Hosen

Beim Kauf eines Anzugs sollten Sie zwei Hosen zum Sakko kaufen. Erfahrungsgemäß arbeiten sich Hosen schneller auf als die Sakkos. Einige Designer bieten Anzüge im „Baukastenprinzip" an, sodass man über eine lange Zeit die passenden Hosen und Sakkos zusammenstellen kann.

Gürtel und Schuhe sollten farblich zusammenpassen und die Schuhe immer gepflegt sein. Denken Sie dabei auch an Kleinigkeiten, wie Schnürsenkel, die nicht am Ende aufgeribbelt oder sogar gerissen sind und wieder zusammengeknotet wurden. Auch Preisschilder sollten gleich nach dem Kauf entfernt werden. Weiße aufblitzende eventuell noch rot durchgestrichene Preisschilder an der Sohle sehen nicht sehr stilvoll aus. Betrachten Sie auch ab und an Ihre Absätze. Sind diese noch gerade und ist der Schuh auch an der Innenseite geputzt?

In einem „entspannten" Umfeld finden auch Kombinationen ihre Anwendung. Das heißt, eine Stoffhose kombiniert mit einem Sakko und Hemd.

! Wenn Sie klein gewachsen sind, macht die Kombination aus heller Hose und dunklem Sakko Sie noch kleiner. Ein Outfit in einer Farbe hingegen streckt Ihre Figur. Hosen mit Aufschlag passen auch eher zu langen als zu kurzen Beinen.

Für Frauen gilt Ähnliches wie bei den Herren. Der hoch offizielle Business Dresscode bei Frauen besteht ebenfalls aus einem Anzug oder Kostüm mit heller Bluse. Allerdings kann frau auch mit Kombinationen ein formelles Business Outfit gestalten. Sowohl Männer als auch Frauen sollten im Stehen ihr Sakko schließen. Dabei ist der unterste Knopf immer offen. Ob bei einem Drei-Knopf-Sakko die beiden oberen oder nur der mittlere Knopf geschlossen wird, hängt vom Sitz und Schnitt des Sakkos ab. Beim Schließen des Sakkos entsteht ein Dreieck durch den Kontrast zwischen Hemd und Sakko, dass den Betrachter zum Gesicht leitet. Dorthin, wo wir auch hinschauen sollten.

Das Sakko wird auch im Sommer zum Outfit getragen. Schwitzen gehört zum Geschäft. Solange der Ranghöhere nicht die Aufforderung gibt, sich zu entspannen, bleiben Sie ganz angezogen. Gerade im Sommer kann man den guten Stil einer Dame erkennen. Seien Sie auch bei höheren Temperaturen nicht zu freizügig.

! ***Wichtig ist vor allem, dass Damen in der Geschäftswelt auf allzu weibliche Reize verzichten wie***

- zu tiefe Ausschnitte (der Ansatz des Busens sollte nicht sichtbar sein),
- zu enge Kleidung (die Unterwäsche sollte sich nicht abzeichnen oder sichtbar sein),
- zu kurze Röcke (eine Handbreit über dem Knie ist das Höchste der Gefühle),
- zu hohe Schuhe (maximal 6 bis 7 cm Absatz),
- Sandalen oder Flip-Flops im Sommer,

- bauch- oder schulterfreie Tops (die Schulter sollte bedeckt sein),
- transparente Blusen,
- zu viel Farbe beim Make-up und bei Fingernägeln,
- zu viele Accessoires (ca. 5 sichtbare Accessoires sind möglich).
- Kurz: Alles, was am Strand nicht auffällt, gehört nicht ins Geschäftsleben.

Wie sieht die Erstausstattung für Business-Kleidung aus?

Für die Herren

- *Zwei bis drei Anzüge (grau, blau und evtl. schwarz)*
- *Ein Sakko zum Kombinieren. Vorsicht! Bitte kein ausrangiertes Sakko eines ehemaligen Anzugs nehmen.*
- *Zwei bis drei Stoffhosen – keine Jeans!*
- *Mindestens fünf langärmelige Hemden, möglichst hell (weiß, hellblau, gestreift oder dezentes Karo)*
- *Krawatten: alles außer schwarz und möglichst dezent im Muster*
- *Zwei Paar Lederschuhe (Derby, Oxford, Brogue in Schwarz und Braun)*

Für die Damen

- *Zwei Anzüge/Kostüme – was Sie lieber tragen (blau, grau oder schwarz)*
- *(Bleistift-)Rock*
- *Zwei Stoffhosen zum Kombinieren*
- *Weiße Blusen*
- *Seidentuch als Accessoire*
- *Feine Strickjacke*
- *Mittellanger Mantel oder Trenchcoat (möglichst länger als der Rocksaum)*
- *Flache bis mittelhohe (ca. 5 cm) schwarze Schuhe*

Sind Sie privat beim Vorgesetzten eingeladen oder auf einer Wochenendveranstaltung mit dem Kunden unterwegs, sollten Sie Ihre Lieblingsjeans zu Hause lassen. Jede Stoffhose wäre auch in einem legeren Umfeld jetzt die bessere Wahl.

!

Unsere Tipps:

- Kleidung muss passen – zum Anlass und zur Figur.
- Proportion ist alles: gut sitzende Kleidung ist wichtig.
- Klassik hat Klasse (Kultiviertheit, Geschmack, Kompetenz).
- Zum Styling gehören auch die Haare.
- 90 % Harmonie, 10 % Kontrast (Farben und Muster mixen).

- Wer billig kauft, kauft teuer. Kleidung ist eine Investition in Ihre Karriere. Halten Sie sich lieber an Qualität, die auch mal etwas teurer sein darf. Sie haben länger etwas davon. Günstige T-Shirts oder Anzüge sind schnell ausgeleiert oder die Knöpfe fallen schon beim Hinschauen ab.
- Lässig ja, nachlässig nein!
- Sei ein Original, nicht originell. Sie dürfen durchaus Ihre Persönlichkeit unterstreichen – allerdings in Maßen.
- Stil ist nicht Gabe, sondern Aufgabe (üben, üben, üben).
- Perfektion ist langweilig, Sie haben Profil.

Wer grüßt wen zuerst?

Die „physische" Begrüßung des Händegebens birgt für Neulinge im Beruf oft eine Benimmfalle in sich.

Der Blickkontakt ist bei der Begrüßung eine Sache der Höflichkeit, die in Europa aus der Ritterzeit rührt. Wenn Sie den Blick auf die Augen zulassen, also im Sommer auch die Sonnenbrille abnehmen, halten Sie es wie die Ritter, die mit dem Aufklappen des Visiers anzeigten, dass sie in Freundschaft kamen und nicht auf Kampf eingestellt waren. Der Militärgruß und später das Hutlüpfen sind Überbleibsel dieses Rituals.

Halten Sie also beim Begrüßen von Menschen Blickkontakt. Vor allem beim Handschlag ist ein fester Blick in die Augen des Gegenübers wichtig. Eine unhöfliche Variante des Handschlags ist, jemandem die Hand zu reichen, dabei aber eine andere Person anzuschauen, da Sie noch mit ihr im Gespräch sind. Seien Sie hier multitaskingfähig. Sie möchten eine Beziehung aufbauen, was man in Europa mit Handschlag und Blickkontakt tut.

! ***Der Rangniedere grüßt verbal zuerst***

Der Ranghöhere entscheidet dann, ob er seinem Gegenüber die Hand reicht. Die zweite Hand ist immer sichtbar und nicht in der Hosentasche vergraben.

Beispiele

Ein Projektleiter sollte beispielsweise also darauf warten, dass ihm nach seiner verbalen Begrüßung die Hand vom Geschäftsführer entgegengestreckt wird.

Kommt ein Gast in ein fremdes Unternehmen, wird dieser vom Gastgeber zuerst per Handschlag begrüßt.

Sollte Ihr neuer Vorgesetzter in Ihr Büro kommen, werden Sie ihn in Ihrem Büro willkommen heißen. Das wird aber so gut wie nie passieren, denn meistens wird man zum Vorgesetzten gebeten.

Der Handschlag ist gleichzusetzen mit dem gefühlten ersten Eindruck. Hier kommt das schwer zu beeinflussende Signal der Haut ins Spiel. Sind die Hände feucht, kann ich sie schnell und möglichst unauffällig an meinem Stofftaschentuch in der Hosentasche abtrocknen, das ich als stilvoller Mann immer bei mir trage. Frauen können dies unauffällig am Oberschenkel oder Unterarm erledigen. Kalte Hände können vorab warm gerieben werden.

Sinn und Zweck eines Händedrucks ist es, Vertrauen zu demonstrieren.

Ein Händedruck sollte bestimmt sein. Nicht zu vorsichtig, aber auch nicht zu fest. Auch beim Händedruck gilt Qualität, nicht Quantität: Die Dauer beträgt rund ein bis zwei Sekunden. Hände sollten also nach einer gewissen Zeit wieder losgelassen werden. Und vergessen Sie nicht, die andere Hand aus der Hosentasche zu nehmen. Es sollten immer beide Hände sichtbar sein.

> **!** Wenn man in einer Runde einem die Hand reicht, sollte allen anderen auch die Hand gereicht werden.

Oft hört man die Regel: „Ladies first!" Das gilt aber nicht immer. Betreten Sie einen Raum, in dem sich Männer und Frauen befinden, gilt im Geschäftsleben die Regel, immer erst die ranghöhere Person zu begrüßen. Ist Ihnen die Rangordnung nicht bekannt, dann sollten Sie sich zuerst einer Frau vorstellen und diese begrüßen. Warten Sie wieder darauf, dass Ihnen die Hand gereicht wird.

!

Kein Zickzack-Kurs

Suchen Sie bitte nicht nach der ältesten Frau im Raum, sondern die Dame, die Ihnen am nächsten ist, wird zuerst begrüßt. Dann begrüßen Sie die Personen so, wie sie beieinanderstehen. Machen Sie also keinen Zickzack-Kurs durch den Raum. Diese Regel gilt sowohl für Männer als auch für Frauen.

Auf den Punkt gebracht

- Der Ranghöhere entscheidet, die Hand zu reichen.
- Blickkontakt ist ein Muss.
- Ein Handschlag dauert ca. 1 bis 2 Sekunden.
- Hände werden gereicht, nicht lange geschüttelt.
- Der Händedruck sollte fühlbar sein, aber den anderen nicht in die Knie zwingen.
- Die zweite Hand ist sichtbar und nicht in der Hosentasche.
- Ein Händedruck soll Vertrauen demonstrieren, kein Machtspiel sein.
- Gastgeber heißen ihre Gäste mit einem Handschlag willkommen.
- Es gilt nicht „Ladies first“, sondern Ihr Kontakt wird zuerst begrüßt und dann sollten Sie den anderen vorgestellt werden.
- Kein Zickzack-Kurs von Frau zu Frau, sondern der Reihenfolge nach bekannt machen.

Visitenkarten-Knigge

Die Visitenkarte wurde schon in der viktorianischen Zeit als sogenannte Gästekarte eingesetzt. Die Karte wird heute noch immer ähnlich verwendet.

> *Wie schon im 19. Jahrhundert …*
>
> *Nachdem Sie im Unternehmen Ihres Geschäftspartners oder Kunden angekommen sind, überreichen Sie Ihre Visitenkarte an der Rezeption bzw. am Empfang des Unternehmens. Sie vereinfachen damit Ihre Anmeldung. Die Person am Empfang kommt jetzt nicht in die Verlegenheit, erneut nach Ihrem Namen fragen zu müssen, sondern kann Sie perfekt anmelden und Ihren Namen und Unternehmensnamen korrekt aussprechen. Die Karte sollten Sie nach der Anmeldung vom Empfangsmitarbeiter zurückbekommen, wenn nicht, fragen Sie danach.*

Sind Sie im Raum des Geschäftspartners angekommen, überreicht der Gast dem Gastgeber seine Visitenkarte. Machen Sie sich auf entgegengenommenen Visitenkarten erst Notizen, wenn Sie allein sind. Und vor allen Dingen: Lesen Sie erhaltene Visitenkarten aufmerksam durch. Auf der Visitenkarte ist der Name mit Titeln oder akademischen Graden vermerkt, die Sie dann ab jetzt bei der Anrede auch nennen sollten. Denn die Inhaber von Titeln oder akademischen Graden stellen sich ohne diese vor.

> **!** Überreichen Sie Visitenkarten so, dass der andere sie sofort lesen kann und nicht erst umdrehen muss. Werfen Sie sie nicht wie eine Spielkarte über den Tisch, sondern überreichen Sie eine Visitenkarte mit Augenkontakt.

Verwahren Sie Ihre Visitenkarten am besten in dafür vorgesehenen Etuis, damit der erste Eindruck der Karte so positiv und sauber wie möglich ist.

> **!**
> - Machen Sie sich erst Notizen auf fremde Karten, nachdem der Kontakt nicht mehr vor Ihnen sitzt.
> - Tackern Sie Visitenkarten nicht an Infobögen, solange der Überbringer noch vor Ihnen steht.

Sollten Sie in den ersten Tagen noch keine Visitenkarte haben, aber schon die ersten Besprechungen durchführen, bieten Sie an, Ihre Kontaktdaten per E-Mail zu übermitteln. Lassen Sie sich die Visitenkarte Ihres Geschäftspartners geben, damit Sie seine Kontaktdaten haben. Sie sollten nach einer Besprechung auf jeden Fall die Durchwahl oder E-Mail-Adresse eines neuen Geschäftskontakts erhalten haben.

Auf den Punkt gebracht

- Übergeben Sie die Visitenkarte am Empfang, um Ihre Anmeldung zu vereinfachen.
- Die Visitenkarte wird vom Gast am Anfang einer Besprechung zuerst überreicht.

- Übergeben Sie Visitenkarten so, dass Ihr Geschäftskontakt sie sofort lesen kann.
- Achten Sie auf Blickkontakt beim Überreichen
- Lesen Sie erhaltene Karten aufmerksam durch
- Überreichen Sie Visitenkarten im Kontakt mit Asiaten mit zwei Händen.

Sitzordnung im Konferenzraum

Das erste Meeting steht an und womöglich werden Sie heute als Neuzugang der Gruppe vorgestellt. Pünktlichkeit ist in Deutschland ein ungeschriebenes Gesetz und muss auch bei internen Besprechungen beachtet werden Häufig ist die Pünktlichkeit des Geschäftspartners eines der ersten Dinge, die gerade in Deutschland für einen positiven ersten Eindruck ausschlaggebend sind.

Wird die Besprechung für 11:00 Uhr angesetzt, sollten Sie so früh im Besprechungsraum sein, dass noch Zeit für die Begrüßung der Teilnehmer und einen Small Talk mit dem einen oder anderen Kollegen möglich sind. Seien Sie also spätestens – je nach Größe des Meetings – drei bis fünf Minuten vorher anwesend. Selbstverständlich sind Sie um Punkt 11:00 Uhr immer noch pünktlich, aber oft bleibt dann nur noch die Zeit, sich auf seinen Platz zu setzen und mit der Tagesordnung zu beginnen.

Eine feste Sitzordnung ist selten in Deutschland vorgesehen. Haben Sie schon Ihren Stammplatz gefunden? Die Psychologin Sharon Livingston hat die Sitzordnung in Unternehmen erforscht und folgende sieben Typen zusammengefasst:

Der Chef bzw. die Chefin …

… sitzt am Kopfende mit Blick auf die Tür und guter Sicht in die Runde. Dieser Platz wird auch oft unbewusst von einem Team für den Vorgesetzten erwartet. Bei weiblichen Vorgesetzten kann man allerdings beobachten, dass sie sich unter das „Volk" mischen und ihren Platz an der Tischmitte suchen. Ganz nach dem Motto: „Wir sind ein Team!". Dies ist kein Platz, auf dem ein Chef erwartet wird. Also liebe Damen: Setzen Sie sich ruhig mit vollem Bewusstsein als Vorgesetzte an Ihren dafür vorgesehenen Platz!

Rechts vom Chef …

… sitzen wohlgesonnene Mitarbeiter – die rechte Hand vom Chef. Sie stimmen dem Vorgesetzten zu.

Links vom Chef …

… sitzt auch ein Verbündeter des Vorgesetzten, der allerdings seine eigene Meinung hat.

Das große Mittelfeld …

… ist ein weites Feld, in dem man nicht auffällt, das aber das Gespräch am Laufen hält.

Die Eckpositionen …

… nehmen meist die analytischen und fachspezifischen Mitarbeiter ein. Sie fühlen sich hier zu Hause. Sie hören zu, beobachten und erst wenn sie gefragt werden, brillieren sie mit Zahlen, Daten und Fakten.

Der Kontrahent …

… sitzt gegenüber vom Chef. Man könnte fast sagen, das ist eine Person, die am Stuhl des Chefs sägt, zumindest aber in fast allen Punkten eine andere Meinung hat.

Der Zuspätkommer …

… bekommt den Platz, der übrigbleibt: die Tür im Rücken und nahe am Ausgang. Dieser Platz wird meist freigelassen, da er am unangenehmsten ist. Man weiß nicht, was hinter einem passiert, man schaut meist gegen das Licht und kann die Mimik seiner Kollegen nicht erkennen. Und wenn es ganz dumm läuft, wird man auf diesem Platz auch meist zum Laufburschen degradiert.

Wo sollten Sie sich hinsetzen? Je nachdem, welche Rolle Sie für sich beanspruchen. Je näher Sie am Chef sitzen, desto leichter ist ein Seitengespräch abseits des Protokolls möglich. Und wie gesagt: Die rechte Seite vom Chef wird meist als die sympathischere wahrgenommen.

!

Der ideale Platz

Der beste Platz ist auf jeden Fall mit dem Rücken zur Fensterfront und mit dem Blick zur Tür. Gästen wird immer dieser Platz angeboten, sofern Sie es dem Geschäftspartner so angenehm wie möglich machen möchten.

Setzen Sie sich lieber über Eck an einen Tisch oder näher zusammen, wenn Sie an einem runden Tisch sitzen. Das wirkt konstruktiver.

Sich einem Geschäftspartner genau gegenüberzusetzen, wirkt leicht konfrontativ (siehe auch „Kontrahent") – nicht gerade sehr einladend für ein Gespräch.

Sind Sie zu Gast bei einem Unternehmen, ist es nicht immer eindeutig, wer der Entscheider am Tisch ist. Es kann durchaus sein, dass die wichtigste Person sich gezielt an den Rand begeben hat und sich erst am Ende des Gesprächs einbringt. Seien Sie also aufmerksam und halten Sie immer zu allen Personen in der Runde Blickkontakt, wenn Sie sprechen.

!

Achten Sie auf die Sitzhaltung

Auch die Sitzhaltung kann Einfluss auf den Verlauf eines Meetings nehmen. Sitzen Sie gerade und aufrecht, signalisiert dies Souveränität und der positive Nebeneffekt dieser Haltung: Sie bleiben länger konzentriert und bei der Sache. Achten Sie darauf, die Beine nicht zu kreuzen, damit das Blut zirkulieren kann. Besser ist es, mit beiden Füßen festen Kontakt zum Boden zu haben.

Sind Sie zu Gast bei einem Kunden, fragen Sie schon zu Beginn der Besprechung nach, ob es bei dem vereinbarten Zeitplan bleibt. Dann haben Sie Ihre Agenda besser im Griff und wissen, wie viel Zeit Ihnen für Ihre Vorstellung und Präsentation bleibt.

Falls Sie eine Präsentation halten, versuchen Sie, Ihren Präsentationsstil von Anfang an vom Medium PowerPoint zu entkoppeln. Können Sie Ihre Botschaft eventuell auf einem Flipchart präsentieren?

Präsentation auf Publikum abstimmen

Je hochrangiger Ihr Publikum ist, desto weniger Folien sollten Sie haben.

Ein zentrales Bild sollte auf jeden Fall Ihr Backup sein, das Sie bei Stromausfall ohne Probleme an das Flipchart zeichnen und erklären können.

Unsere Tipps

- Seien Sie gut vorbereitet. Achten Sie darauf, dass Sie alle Unterlagen dabeihaben.
- Seien Sie pünktlich.
- Ziehen Sie Ihr Sakko/Ihre Kostümjacke erst aus, wenn es der Gastgeber erlaubt hat.
- Verteilen Sie Ihre Visitenkarte bereits am Anfang des Meetings, denn schließlich kann sich kaum jemand gut Namen merken.
- Begleiten Sie Ihre Gäste am Ende einer Besprechung bis an den Haupteingang und verabschieden Sie sie nicht im Meetingraum mit den Worten „Den Weg kennen Sie ja".
- Bereiten Sie die Besprechung professionell nach. Das muss kein seitenlanges Protokoll sein, aber eine kurze Zusammenfassung der Ergebnisse, verbunden mit einem Dank für die Zeit, die Ihnen die Teilnehmer gewährt haben, macht immer einen guten Eindruck.

Reporting und Protokoll

Ja, es kann durchaus sein, dass Sie als jüngster Zugang das Protokoll für eine Besprechung übernehmen dürfen. Eine Aufgabe, die bei vielen unbeliebt ist. Ein Protokoll ist aber durchaus ein gutes Mittel, einer Besprechung einen roten Faden zu geben und hilft, dass sich alle an die Agenda halten.

Ein Ergebnisprotokoll, das zu den jeweiligen Tagesordnungspunkten eine Zusammenfassung enthält, birgt meist auch eine Aufgabe für einen Teilnehmer, deren Ergebnis beim nächsten Meeting präsentiert werden soll. Diese sogenannte To-do-Liste eignet sich wunderbar, um die nächste Tagesordnung vorzubereiten und eventuell offene Punkte vom letzten Mal wieder auf die Agenda zu setzen.

Sollten Sie die wundervolle Aufgabe übertragen bekommen haben, das Protokoll zu schreiben, ist es für Sie immer möglich, die Zusammenfassung in der Runde noch einmal Mal abzufragen. Nach der Besprechung versenden Sie das Protokoll dann an die Teilnehmer. Die Teilnehmer kommentieren das Protokoll. Das finale Protokoll, in das Sie dann die Kommentare eingearbeitet haben, wird anschließend noch einmal verteilt.

> ***Protokollarten***
>
> *Verlaufsprotokoll*
>
> *eine chronologische Struktur aller wichtigen Punkte der Besprechung*
>
> *Wörtliches Protokoll*
>
> *eine Abschrift des Gesagten z. B. eines Interviews*

Beschlussprotokoll

wird meist in Gremien angefertigt, um nachvollziehen zu können, wie Beschlüsse entstanden sind (Abstimmungen, Enthaltungen, Anwesende …)

Ergebnisprotokoll

eine gestraffte und strukturierte Zusammenfassung der Ergebnisse. Oft mit einer To-do-Liste: Wer hat was bis wann zu erledigen?

Protokolle werden oft nicht gelesen und für überflüssig gehalten. Verfolgt man allerdings, was in den letzten Protokollen stand, kann man oft auch herausfinden, was zur Lösung eines Problems fehlt. War zum Beispiel eine Person immer entschuldigt und nie anwesend? Fehlt der Spezialist in der Runde, der einem weiterhelfen könnte? Welche Erkenntnisse und welches Wissen hat man durch die Besprechungen gewonnen, die eventuell auch für andere Abteilungen wichtig sind und die anderen weitergegeben werden dürfen/sollten?

!

Prozesse kennen

Finden Sie heraus, ob es ein wöchentliches Reporting z. B. in einer Vertriebsrunde gibt. Müssen eventuell bestimmte Daten zu einem bestimmten Termin abgeliefert werden? Wenn ja, sollten Sie diese Daten auch abgeben, und zwar unaufgefordert. Wenn Sie unsicher sind, was Form und Menge betrifft, fragen Sie Ihren Vorgesetzten, die Person, die die Daten erhalten soll oder einen Kollegen, wie das Prozedere ist.

Das Gleiche gilt für die Aufgaben, die Sie während einer Besprechung erhalten. Liefern Sie die geforderten Inhalte ab und lassen Sie sich nicht lange bitten. Sollten Sie feststellen, dass Sie etwas nicht liefern können, da Sie wichtigere Aufgaben auf Ihrer Liste haben, versuchen Sie einen Aufschub oder Hilfe zu bekommen. Und zwar in dem Augenblick, in dem Ihnen die Aufgabe übertragen wird, nicht erst kurz vor der Deadline.

Unsere Tipps

- Lesen Sie Protokolle durch.
- Geben Sie Ergebnisse an andere Abteilungen weiter, wenn Sie nicht geheim sind.
- Füttern Sie Ihr Knowledge Management (ein Wissenspool im Intranet) mit Ihren Informationen, wenn erlaubt.

Souverän durch gute Umgangsformen

Wie oft schaut man sich Dinge bei anderen Kollegen ab, weil sie so souverän auftreten. Vorsicht, wenn Sie andere kopieren oder annehmen, dass „man das so macht".

Sie hatten eine gute Kinderstube und trotzdem gibt es Unsicherheiten an der einen oder anderen Stelle. Gerade im Geschäftsleben gibt es andere Regeln als im täglichen Miteinander.

> **!** *Es anderen so angenehm wie möglich machen*
>
> Grundsätzlich gilt die Regel, es dem Gegenüber so angenehm wie möglich zu machen, sodass ihm nichts unangenehm sein muss. Dies zu befolgen, ist leicht mit dem gesunden Menschenverstand erreichbar.

Die wichtigsten Spielregeln des Miteinanders sollten Sie dabei stets im Auge haben. Und ganz wichtig, beobachten Sie immer Ihr Gegenüber. Nicht jeder spielt nach den gleichen Regeln und vielleicht empfindet er Sie als unhöflich, wenn Sie z. B. nicht „Gesundheit" sagen.

> **!** *Geräusche nicht kommentieren*
>
> Man sollte die Körpergeräusche anderer Personen nicht kommentieren. Die andere Person sollte sich für die „Störung" oder eventuelle Ansteckungsgefahr entschuldigen.

Im Geschäftsleben ist es vor allem entscheidend, ob ich es mit einer ranghöheren Person bzw. einer Person in einer höheren Position zu tun habe. Erst danach kommt die geschlechtliche Differenzierung bei den Umgangsformen zum Tragen. Das heißt konkret: Der männliche Vorgesetzte darf z. B. zuerst in den Fahrstuhl eintreten, danach folgt die weibliche Mitarbeiterin. Und nur der Vorgesetzte wird entscheiden, ob er der Dame den Vortritt lässt, was übrigens eine nette und höfliche Geste wäre und auch oft so zu beobachten ist.

Grundsätzlich haben Umgangsformen etwas mit Respekt und Aufmerksamkeit zu tun. Wenn Sie Ihr Blickfeld erweitern und aus dem Augenwinkel erkennen können, dass es irgendwo fehlt oder jemand ins Stocken gerät, ist es höflich, seine Hilfe anzubieten oder sogar unaufgefordert die Tür aufzuhalten, den Koffer ins Gepäcknetz zu heben oder dem Kollegen das Salz beim Mittagessen zu reichen.

> **!** *Was du nicht willst, das man dir tut …*
>
> So, wie Sie behandelt werden möchten, sollten Sie auch Ihre Mitmenschen behandeln. Eine Steigerung wäre noch die Überlegung: Wie er gerne behandelt werden möchte.

Als Gastgeber im Unternehmen auftreten

Sollten Sie Geschäftskunden in Ihrem Unternehmen empfangen, ist die erste Handlung die Begrüßung des Gastes. Einen Gast beim Empfang am Vortag oder morgens anzumelden, ist immer hilfreich. Schon die Begrüßung durch den Empfang könnte dann folgendermaßen verlaufen: „Guten Tag, Herr Sommer. Sie wurden mir schon angekündigt." Oder: „Frau XY erwartet Sie bereits." Eine solche Begrüßung ist sehr persönlich und man fühlt sich willkommen.

Holen Sie Ihren Geschäftspartner am Empfang ab, begrüßen Sie ihn und reichen Sie ihm die Hand als Willkommensgruß.

> **!** Grundsätzlich gilt, dass der Ranghöhere entscheidet, ob er den anderen per Handschlag begrüßen möchte. Ausnahme ist allerdings die Situation als Gastgeber: Hier werden Sie Ihren Gast in Ihrem Unternehmen oder Büroräumen willkommen heißen und ihm die Hand reichen.

Bieten Sie Ihrem Gast an, die Garderobe abzulegen. Verzichten Sie bitte auf den Spruch verbunden mit der Geste zur Garderobe: „Da drüben können Sie sich aufhängen."

Einer Frau/Kollegin in den Mantel zu helfen, scheint oft altmodisch, ist aber eine positive Geste. Machen Sie daraus aber bitte keine Gymnastikübung: Halten Sie den Mantel so hin, dass man einfach die Mantelärmel findet. Frauen sollten dabei nicht in die Knie gehen müssen, geschweige denn sich irgendwohin strecken.

> **!**
>
> ***Wer hilft wem in den Mantel?***
>
> Frauen helfen Männern nur in oder aus dem Mantel, wenn diese betagt oder gebrechlich sind. Ein Mann, der aufrecht gehen kann, benötigt diese Hilfe nicht von einer Frau. Sie reichen den Mantel als Gastgeberin dem Herrn an oder nehmen den Mantel ab, um ihn an der Garderobe aufzuhängen.

Möchte der Gast sich eventuell noch frisch machen, wäre jetzt auch die beste Möglichkeit, dies mit einem Hinweis auf die Toiletten anzubieten. „Möchten Sie sich noch die Hände waschen oder frisch machen?“. Fragen Sie bitte in fremder Umgebung nie nach der Toilette, sondern immer nur „Wo kann ich mir die Hände waschen?“.

Geleiten Sie den Gast zum Besprechungsraum, dann zeigen Sie per Gestik und Ankündigung an, wo es entlanggeht, damit Ihr Gast nicht in Sie hineinläuft. Die ranghöhere Person und Geschäftspartner in fremden Räumen gehen auf Ihrer rechten Seite. Kommen Ihnen nun andere Personen auf dem Flur entgegen, muss nicht der Gast ausweichen, sondern Sie.

Außerdem könnten Sie die Begleitung bei einem Stolpern oder Sturz besser auffangen oder stützen, da Sie wahrscheinlich rechts stärker sind – derzeit gibt es ja immer noch mehr Rechts- als Linkshänder.

Sollten Sie auf der Straße jemanden begleiten, gehen Sie auf der Gefahrenseite. Sie schützen damit Ihre Begleitung vor Spritzwasser, Radfahrern, Autotüren, die plötzlich aufgerissen werden etc.

!

Türen aufhalten

Halten Sie Ihren Gästen und Vorgesetzten die Türen auf.

Das ist bei Türen, die gezogen werden ein Leichtes. Türen, die Sie drücken müssen, werden von Ihnen zuerst durchschritten und dann aufgehalten. Kommen Sie nicht auf die Idee, eine schwere Tür aufzudrücken und dann von der Schwelle aus mit gestrecktem Arm aufzuhalten. Erstens muss sich dann Ihr Gast an Ihnen vorbeidrücken und kommt Ihnen (vielleicht unangenehm) nahe und zweitens fällt Ihnen eine schwere Tür zurück in den Arm und Sie haben Mühe, die Tür zu halten.

Drehtüren werden so hingedreht, dass die Begleitung leicht in das Abteil einsteigen kann, und Sie folgen im nächsten Abteil. Tippeln Sie nicht im selben Abteil hinterher. Achten Sie auf Distanz und beginnen Sie die Drehtür von hinten anzustoßen.

Ein Gast bleibt hinter der Tür stehen und gibt Ihnen die Möglichkeit, wieder die Führung zu übernehmen.

!

An der Treppe …

… bieten Sie dem Geschäftspartner an, dass er zuerst die Treppe erklimmt. Sie folgen, um bei eventuellen Stürzen die Gefahr abzuwenden, dass Ihr Gast die Treppe herunterpurzelt. Treppab gehen Sie vor, um das Gleiche zu vermeiden.

Diese Regel gilt übrigens auch im privaten Bereich. Der Mann bietet der Frau an, dass sie zuerst die Treppe hinaufgeht. Sollte es der Frau unangenehm sein, wenn der Mann hinter ihr geht, kann sie seinen Vorschlag problemlos ausschlagen und ihm den Vortritt geben. Diese Regel ist für das Wohl der Frau gemacht worden, aber sie kann entscheiden, es anders zu handhaben. Eben so, wie sie es am angenehmsten empfindet.

Kommt der Gast am Treppenabsatz an, wird er wieder auf seinen Begleiter warten, bis dieser wieder die Führung übernehmen kann. Auf der Treppe kann sich der Gast nicht verlaufen. Es geht einfach nur treppauf oder treppab.

!

Aufzug statt Treppe

Gibt es einen Aufzug, sollten Sie immer die bequemere Variante anbieten, vor allem wenn Ihr Gast seine Aktentasche selbst trägt oder Sie mehrere Stockwerke vor sich haben.

Bei der gesamten Begleitung durch Ihre Büroräume ist klar im Vorteil, wer einige Worte zum Ablauf und dem Weg sagt. Und vor allem vergessen Sie auf der gesamten Odyssee durch die Gänge nicht den Small Talk.

Im Besprechungsraum angekommen, ist es Ihre Aufgabe, Menschen einander vorzustellen. Gibt es noch andere Kollegen oder Vorgesetzte, die an der Besprechung teilnehmen und bereits im Raum auf Sie warten, stellen Sie sie einander vor. Dabei sollten Sie darauf achten, der ranghöheren Person – in diesem Fall Ihrem Gast – die anderen Personen zuerst vorzustellen.

Ist eine größere Gruppe ab ca. fünf Personen bereits im Raum, wird der Ankommende den Anwesenden vorgestellt. Anschließend werden ihm einzeln die Anwesenden vorgestellt.

Wieder gilt Rang bzw. Position vor Geschlecht und Sie stellen erst die ranghöhere Person Ihrem Gast vor. „Lieber Gast (Frau Musterfrau), ich möchte Ihnen gerne unseren Prokuristen Klaus Mustermann vorstellen." Stellen Sie die Personen mit den korrekten Titeln vor, damit diese auch anschließend korrekt angesprochen werden.

Nachdem sich alle kennen, ist es die letzte Aufgabe vor dem eigentlichen Meeting, dem Gast etwas zu trinken anzubieten. Wenn Sie dies tun, überlassen Sie Ihren Gast nicht sich selbst und deuten auf eine Selbstbedienungsmöglichkeit hin, sondern servieren Sie Ihrem Gast ein Getränk. Also, den Kaffee schenken Sie ein und reichen die Tasse (mit Untertasse) an. Ein Wasser öffnen Sie und schenken es ein. Sind kleine Getränkeflaschen auf den Tischen eingestellt, kann man durchaus den Gast darum bitten, sich selbst zu bedienen, wenn er gut an die Getränke kommt.

! ***Kleiner Snack bei längeren Meetings***

Denken Sie daran, bei einer längeren Besprechung Essen bzw. Sandwiches anzubieten. Falls Ihnen Unverträglichkeiten oder Vorlieben Ihres Gastes bekannt sind, wäre es prima, wenn Sie darauf achten.

Sind Sie bei einem Kunden zu Gast im Unternehmen, dürfen Sie gerne zugreifen, aber erst, wenn man Sie dazu aufgefordert hat. Den großen Hunger werden Sie bei der Besprechung nicht an den Keksen stillen. Bitte lassen Sie auch den letzten Keks liegen. Das sogenannte Anstandsstück gibt es in diesem Fall tatsächlich noch.

! ***Bevorzugen Sie stilles Wasser***

Wenn Sie viel reden und präsentieren müssen, sollten Sie lieber stilles Wasser trinken. Die Gefahr des Aufstoßens ist hier am geringsten.

Auf den Punkt gebracht

- Die ranghöhere Person entscheidet, die Hand zu reichen. Ausnahme: Der Gastgeber reicht die Hand zum Willkommensgruß.
- Die ranghöhere Person geht rechts oder auf der gefahrenabgewandten Seite.
- Halten Sie Türen auf.
- Der Gast geht treppauf vor, treppab geht der Gastgeber zum Schutz vor.
- Ankommende werden Anwesenden vorgestellt. Ansonsten wird immer dem Ranghöheren zuerst vorgestellt.

Körpersprache und Selbstbewusstsein

Neben den allgemeinen Umgangsformen mit Geschäftspartnern spielt Ihre non-verbale Kommunikation eine große

Rolle. Ihre Körpersprache ist ein Spiegel Ihres Selbstbewusstseins und dessen, wie Sie sich fühlen.

Sie kennen sicherlich das Phänomen: Wenn Sie sich auf einer Tonaufnahme hören, können Sie nicht glauben, dass das Ihre Stimme ist. Ähnlich ist es, wenn man eine Videoaufnahme von sich sieht – zum Beispiel, wenn Sie einen Vortrag oder eine Präsentation gehalten haben.

Doch gerade bei Filmaufnahmen können Sie Ihre Körpersprache genau beobachten. Auf einmal sehen Sie, wie oft Sie sich beim Reden an die Nase fassen oder wie häufig Sie sich durch die Haare fahren. Ja, das sieht das Publikum auch – und oft ist es genau diese kleine Eigenheit, die bei einer Präsentation oder im Gespräch als Erstes auffällt. Diese Mikrogesten, wie das Spielen mit den Ohrringen, der ständige Griff in die Haare oder das Klicken des Kugelschreibers, werden als Unsicherheit interpretiert und wahrgenommen.

Solche Eigenheiten kennen wir auch in der Sprache. Einige unserer Mitmenschen verwenden zum Beispiel überbordend „Äh" oder bestimmte Füllwörter („quasi", „ich sag mal"). Solche Eigenheiten treten vor allem zum Vorschein, wenn wir unsicher sind. Das Publikum registriert sie und beobachtet sie gnadenlos.

Jetzt ist Veränderung angesagt.

! Natürlich sind wir alle nur Menschen und dürfen es auch bleiben. Einen professionellen Eindruck können Sie allerdings hinterlassen, indem Sie sich bewusst auf Ihre Eigenheiten einlassen und versuchen, sie zu vermeiden.

Wie macht man das? Eine gute Vorbereitung auf einen Vortrag oder Auftritt fängt mit der Atmung an. Bereiten Sie sich wie ein Schauspieler oder Sänger auf Ihre Bühne vor.

> **!** Trainieren Sie Ihre ersten drei Sätze, die Sie zum Publikum sprechen möchten – das gibt Sicherheit und nimmt ein wenig das Lampenfieber.

Atmen Sie tief in den Bauch ein, sodass er sich beim Ein- und Ausatmen hebt und senkt. Versuchen Sie dabei den Brustkorb ruhig zu halten. Und vor allem – entspannen Sie Ihr Zwerchfell. Herzhaftes Lachen ist dafür die beste Medizin.

> **!** *Unsere Tipps*
>
> - Bevor Sie auf die „Bühne" gehen, sollten Sie Ihre Stimme selbst schon einmal gehört haben. Also singen Sie unter der Dusche oder auf dem Weg zum Vortrag im Auto.
> - Wärmen Sie Ihre Kiefermuskulatur auf, indem Sie den Mund weit öffnen und großzügige Kaubewegungen machen.
> - Atmen Sie bewusst in den Bauch ein und mit einem langen Atemzug über den halb geöffneten Mund wieder aus.
> - Lockern Sie Ihr Zwerchfell – entweder durch Auf-und-ab-Hüpfen, Lachen oder bewusstes Entspannen der Bauchdecke.

Nun sind Sie stimmlich und atemtechnisch aufgewärmt und können sich auf Ihre Körpersprache konzentrieren – Ihren Text können Sie ja. Nutzen Sie die Arme und Hände, um Ihren Worten Ausdruck zu geben und diese zu unterstützen.

Arbeiten Sie ruhig mit Ihrer ganzen Größe, Mimik und Gestik. Sie können sich eventuell an Stichwortkarten „festhalten". Freier wird Ihre Rede allerdings, wenn Sie diese nicht nötig haben. Nutzen Sie offene Gesten. Halten Sie die Hände auf Bauchnabelhöhe oder lassen Sie gerne auch mal einen Arm hängen.

> **!** Übrigens: Hände in den Hosentaschen – ein No-Go!

Sie geben Ihrem Vortrag oder Ihrer Sprache mehr Ausdruck, wenn Sie Ihre Worte mit gezielten beschreibenden Gesten unterstützen. Nehmen Sie den Raum mit Ihrer Körpersprache ein, dann strahlen Sie auch mehr Sicherheit aus.

> **!** Wenn Sie sich übertrieben und ein wenig affig vorkommen, sind Ihre Gesten genau richtig für das Publikum

Korrigieren Sie Ihre innere Haltung, dann korrigiert sich meist auch Ihre Körperhaltung. Es ist wichtig, dass Sie die Schultern gerade bzw. leicht nach unten halten und nicht die Brust einfallen lassen. Drei Punkte sollten in unserer Körperhaltung möglichst senkrecht in einer Linie sein: Hals, Brust und Becken.

Achten Sie auf einen festen Stand. Ihre Beine sollten schulterbreit und locker in den Knien sein und guten Bodenkontakt haben. Das passende Schuhwerk hilft Ihnen dabei. Frauen sollten auf zu hohe schmale Absätze verzichten. Schuhe mit einem kleinen Absatz geben Ihnen den besten Halt, verschaffen Ihnen einen guten Auftritt und ermöglichen einen aufrechten Gang.

Frauen sollten vermeiden, die „Klein-Mädchen-Beinhaltung" einzunehmen. Häufig kann man beobachten, wie gerade junge Jobeinsteigerinnen im Gespräch oder vor einer Gruppe das eine Bein vor dem anderen Bein überkreuzen, als hätten sie nur noch ein Bein. Und genau so sieht es auch aus: Sehr unsicher!

Im Gespräch können Sie gerne ein Standbein und ein Spielbein haben.

Unsere Tipps

- Vermeiden Sie Stifte/Kugelschreiber in den Händen beim Präsentieren.
- Nicht mit dem Finger zeigen – möglichst mit der ganzen offenen Hand das Publikum auffordern.
- Beim Präsentieren Folien, die nur Text enthalten, am besten streichen.
- Sprechen Sie nicht, wenn Sie etwas anschreiben oder eine Flipchart-Seite umblättern.
- Machen Sie große, langsame Gesten.
- Denken Sie an Ihren lockeren Stand.
- Gehen Sie aufrecht.

Blickkontakt im Gespräch

Sehr häufig ist zu beobachten, dass gerade junge Menschen den Blickkontakt scheuen.

Ein Blick in die Augen lässt Einblicke in Ihre Gedanken und Gefühlswelt zu. Wenn Sie im Gespräch Ihrem Gegenüber in die Augen schauen, können Sie ihm sozusagen „die Stirn bieten". Sie treffen sich also auf einer Ebene. Richtet sich Ihr Blick auf den Boden oder in der Ferne, zeugt das von Unsicherheit.

! Suchen Sie den Blickkontakt zum Gegenüber und Ihrem Publikum. Ein schweifender Blick aus dem Fenster ist erlaubt, wenn Sie sprechen. Ein konstanter Blick auf den Boden wirkt sehr unsicher.

Sehen Sie Skepsis oder Verwunderung im Blick des Gegenübers, sprechen Sie dies an. Nehmen Sie auf, was Sie sehen und arbeiten Sie damit. Auch das zeugt von Sicherheit, dass Sie einer anderen Meinung nicht aus dem Weg gehen.

Nutzen Sie übrigens verschiedene Positionen beim Präsentieren: Wir lesen und schreiben von links nach rechts. Unser Verständnis von Zeit verläuft von links nach rechts (denken Sie zum Beispiel an einen Zeitstrahl). Diese Tatsache können Sie mit Ihrer Gestik und verschiedenen Positionen im Raum unterstützen.

Stehen Sie vor einer Gruppe oder einer Person und sprechen Sie von der Vergangenheit, versuchen Sie, auf der linken Seite aus Sicht Ihrer Zuhörer zu stehen. Wenn Sie über die Zukunft sprechen möchten, stellen Sie sich auf die rechte Seite aus Sicht Ihres Publikums.

Sie sprechen von der Vergangenheit auf der linken Seite des Raums

Sie präsentieren über die Zukunft auf der rechten Seite des Raumes

Unterstützung des Publikums durch verschiedene Positionen im Raum (© Microsoft Gallery)

Mit Ihrer Bewegung im Raum können Sie auch die Aufmerksamkeit Ihres Publikums steuern: Stehen Sie zum Beispiel nur an der Tafel, also weit weg vom Publikum, kann es passieren, dass die Aufmerksamkeit Ihrer Zuhörer nach einer gewissen Zeit abnimmt. Sie hören Ihnen zwar zu, können aber auch leicht in der großen Masse des Publikums untertauchen.

In dem Augenblick, in dem Sie sich zum Beispiel bei einer U-Bestuhlung in das U hineinbewegen, nimmt die Aufmerksamkeit zu. Sie kommen den Teilnehmern körperlich näher. Eventuell auch bedrohlich nahe, was viele „aufwachen" lässt und in eine „Achtung-Stellung" versetzt. Ihr Publikum denkt: Was passiert jetzt? Muss ich reagieren?

So sprechen Sie Ihr Publikum direkt an. Auch dieses Stilmittel zeugt von Sicherheit, fast von Angriffslust. Seien Sie aber vorsichtig – verletzten Sie die Distanzzone Ihres Gegenübers nicht. Und vermeiden Sie den Konfrontationskurs.

Unsere Tipps

- Sprechen Sie zum Publikum – niemals zur Wand oder dem Flipchart.
- Halten Sie Blickkontakt zum Gesprächspartner.
- Steuern Sie die Aufmerksamkeit Ihres Publikums aktiv durch Körpersprache und Raumnutzung.

Mit Kollegen auf Geschäftsreise

Nehmen Sie einen Kollegen oder Geschäftspartner in Ihrem Privatauto mit, sollten Sie daran denken, dass Ihr Gefährt einigermaßen sauber ist – vor allem innen. Eine Fahrt zum Bahnhof anzubieten in einem Auto, dessen Aschenbecher überquillt, der Hundegeruch nicht auszuhalten ist und die leeren Flaschen und Fastfoodtüten im Fußraum oder auf der Rückbank lagern, macht keinen guten Eindruck. Dass ein Auto im Winter nach der Wäsche schnell wieder durch das Salzwasser verdreckt, weiß jeder. Wenn allerdings Kinder bereits die Heckklappe zur Schreibtafel umfunktioniert haben, sollten Sie auf jeden Fall eine Waschstraße ansteuern.

Allein mit männlichen Geschäftspartnern

Als Frau im Business ist es ratsamer, die männlichen Geschäftspartner lieber per Taxi vom Unternehmen zum Hotel bringen zu lassen. In Begleitung anderer Kolleginnen oder Kollegen ist ein solches Angebot mit Ihrem eigenen Auto weitaus unverfänglicher.

Egal, wo es geschäftlich hingeht, vergessen Sie nicht, dass Sie mit Ihren Kollegen und nicht mit Ihren Freunden unterwegs sind. Treffen Sie sich nicht in Ihrem Hotelzimmer, sondern immer in öffentlichen Räumen wie der Lobby, dem Restaurant oder einem Konferenzraum. Sollte es aus irgendeinem Grund jemals dazu kommen, dass Ihr Geschäftspartner in Ihrem Zimmer ist, lassen Sie keine persönlichen Dinge und Accessoires herumliegen.

Treten Sie schon beim Einchecken geschäftlich auf. Das fängt mit der Kleidung an. Seien Sie – auch nach einem Transatlantikflug nicht zu leger und urlaubsmäßig gekleidet. Sie repräsentieren an der Rezeption ein Unternehmen und sind nicht Privatperson.

Überreichen Sie ruhig an der Rezeption Ihre Visitenkarte. Das macht das Einchecken leichter. Erwähnen Sie beim Einchecken, dass Ihr Unternehmen ein Zimmer reserviert hat, das unterstreicht noch einmal, dass Sie ein Geschäftsreisender sind.

Die täglichen oder wöchentlichen Kurztrips per Bahn oder Flug mit Kollegen sollten Sie nicht dazu nutzen, um sich intensiv auf Ihre Präsentation vorzubereiten. Die Hausaufgaben macht man gewöhnlich zu Hause bzw. im Büro und geht gut vorbereitet zum Kundengespräch. Kleine Absprachen sind natürlich möglich, denken Sie aber bei jedem Gespräch, das Sie in der Bahn oder im Flugzeug führen daran, dass Sie nicht allein sind. Überlegen Sie genau, welche Unterlagen Sie hervorholen können, um noch letzte Änderungen zu machen. Sehen Sie sich um, wer mitlesen oder zuhören kann, wenn Sie sich austauschen.

!

9 von 10 Reisenden lesen mit, der 10. lügt!

– ein Werbespruch von der Firma 3M, die das Phänomen schon lange erkannt hat. Blickschutzfolien, auf dem Display des Laptops angebracht, sind eine gute Möglichkeit, das Mitlesen des Sitznachbarn zu unterbinden.

Im Gespräch mit Kollegen sollten Sie niemals Namen und diese schon gar nicht in Verbindung mit Unternehmen nennen. Die Welt ist klein und es kann gut sein, dass die Person in der Sitzreihe hinter Ihnen ein guter Bekannter Ihres Geschäftspartners ist.

Sind Sie allein im Zug oder Flugzeug unterwegs, müssen Sie keinen Small Talk mit Ihren Reisenachbarn führen. Eine nette Begrüßung und Verabschiedung sind allerdings das Mindeste, was Sie aussprechen sollten.

Drei Dinge zum Fliegen:

1. Im Flugzeug hält man sich niemals an der Lehne des Vordersitzes fest, um aufzustehen. Womöglich reißen Sie den Vordermann aus seinem Schlaf, wenn er dann beim Loslassen des Sitzes nach vorne federt. Versuchen Sie sich an Ihrem Sitz abzustützen, um aufzustehen.
2. Geben Sie dem Mittelmann in der Sitzreihe möglichst beide Lehnen. Es ist der undankbarste Platz im Flugzeug und am Fenster- und Gangplatz haben Sie immerhin die Möglichkeit, sich zu einer Seite etwas Freiheit zu verschaffen. Zeitunglesen ist im Flugzeug natürlich auch nur beschränkt möglich.

3. Das Flugzeug leert sich von vorne nach hinten. Sind also noch Personen in den vorderen Reihen, lassen Sie diese auch vor Ihnen aussteigen, es sei denn, sie warten noch auf etwas oder ihnen wird später vom Bordpersonal geholfen.

Auf den Punkt gebracht

- Geschäftspartner sollten in einem sauberen Auto chauffiert werden.
- Im Taxi sitzt die ranghöchste Person hinten rechts.
- Treten Sie auf Geschäftsreisen auch geschäftlich auf.
- Bearbeiten Sie nichts in der Öffentlichkeit, was nicht für fremde Augen bestimmt ist.
- Sprechen Sie nicht über Geschäftspartner in der Öffentlichkeit – schon gar nicht mit vollem Namen.
- Begrüßen Sie Sitznachbarn in der Bahn oder im Flugzeug.

Wirkungsvolle E-Mails

Der erste Eindruck wird sehr häufig am Telefon oder per E-Mail übermittelt. Überlegen Sie sich also genau, wie Sie diese Medien richtig einsetzen. Denken Sie dabei vor allem an die korrekte Rechtschreibung und lesen Sie Ihre E-Mail vor dem Versenden kritisch durch.

! *Fassen Sie sich kurz*

E-Mails wurden eingeführt, um schnell Informationen von A nach B zu übermitteln – damit waren aber nicht lange Abhandlungen gemeint.

Eine E-Mail fängt mit den richtigen Empfängern an. Je weniger Personen Sie in die An-Zeile schreiben, umso schneller bekommen Sie auch eine Antwort. Verteilen Sie die Aufgaben (wer soll was machen?) auch direkt in der E-Mail, damit die Empfänger eindeutige Botschaften bekommen.

Denken Sie bei der Anrede daran, die ranghöchste Person aus der An-Zeile in der Begrüßung zuerst anzusprechen. Wenn eine E-Mail auch eine Verteilerliste in der cc-Zeile beinhaltet, sind diese Empfänger in der E-Mail-Anrede zu vernachlässigen. Diese Personen erhalten eine E-Mail nur zur Information.

! *Die cc-Zeile ist keine Sicherheitszeile ...*

... nach dem Motto: „Ich habe Ihnen doch die Mail in cc geschickt, da stand doch alles drin." Heutzutage werden E-Mails, die man in cc erhalten hat, oft nicht gelesen oder gleich aussortiert, da es leider ausgeartet ist, hier viele Menschen einzutragen, die mit dem Inhalt der Mail nur entfernt etwas zu tun haben. Überlegen Sie sich bitte genau, wen Sie in diese Zeile eintragen.

Es kann auch hilfreich sein, die Empfänger in der Verteilerliste in der richtigen Reihenfolge zu sortieren. Am sinnvollsten ist hier die alphabetische Reihenfolge. So macht es auch jede automatisch generierte Verteilerliste. Im Grunde müssten Sie hier aber auch die Rangfolge berücksichtigen.

Weichen Sie ruhig vom Standard ab, wenn es um die Anrede und Verabschiedung in Ihrer E-Mail geht.

Über 90 Prozent schreiben „Sehr geehrte Damen und Herren" und enden „Mit freundlichen Grüßen". Es gibt andere Varianten, die genauso korrekt sind. Sie können sich schon mit der ersten Zeile von anderen differenzieren und Ihren ersten Eindruck beeinflussen.

> ***Korrekte Anreden***
>
> *„Guten Tag, sehr geehrte Frau Huber,"*
>
> *„Guten Tag, lieber Herr Dr. Sander,"*
>
> *„Liebe Frau Richter,"*

Ein „Hallo Herr ..." ist in der geschäftlichen E-Mail unpassend. Es ist durchaus möglich jemanden, der Sie mit „hallo" angeschrieben hat, wieder mit „hallo" zu entgegnen, aber eine Variante mit „liebe ..." oder „Guten Tag, ..." klingt meistens schöner. „Hallo" wird im privaten Bereich oder unter guten Kollegen eingesetzt. Also Vorsicht, wenn Sie eine erste Ankündigungsmail an die neuen Kollegen schreiben. „Liebe Kolleginnen und Kollegen" ist in diesem Fall die bessere Variante. Sollten Sie einen Geschäftsführer mit der Gruppe anschreiben wollen, sollte dieser vor der Gruppe genannt werden und vor allem: Ein Geschäftsführer ist kein Kollege! Schreiben Sie also:

> *„Guten Tag, sehr geehrter Herr Schmidt,*
>
> *liebe Kolleginnen und Kollegen, …"*

Die zweite Person oder Gruppe wird in die nächste Zeile geschrieben und es wird klein weitergeschrieben. Bei Druck dieser 2. Auflage gab es noch keine klare Anweisung, wie geschlechtsneutral angesprochen wird. „Liebe Kolleg*innen" und „Guten Tag, Vor- und Nachname" sind derzeit Vorschläge, aber noch nicht offiziell.

Die Verabschiedung richtet sich oft nach der Anrede. Also wie förmlich ist der Einstieg? Wenn Sie nur das „mit" beim Standardgruß weglassen, haben Sie schon einen Unterschied gemacht zu allen anderen Anschreiben, die man täglich erhält:

> *„Freundliche Grüße"*

Schöne, beste oder herzliche Grüße sind natürlich auch möglich.

Haben Sie einen Vornamen, bei dem das Geschlecht nicht direkt ersichtlich ist (zum Beispiel Kim, Alex, Eike oder ausländische Namen), empfiehlt sich ein Hinweis in der Verabschiedungsformel wie beispielsweise „Es grüßt Sie Ihre …".

!

Du und Sie

Wird einer der Adressaten Ihrer E-Mail von Ihnen gesiezt, sollten Sie den gesamten Text auch in der Sie-Form schreiben.

Denken Sie daran, den ersten Absatz so kurz wie möglich zu gestalten. Für E-Mails gilt eine Absatzlänge von drei bis fünf Zeilen, beim Brief sollte ein Absatz nicht länger als sieben Zeilen sein. Der Grund hierfür liegt darin, dass unser Auge eher bereit ist, einen kurzen Text zu lesen, als zeilenübergreifende Schachtelsätze. Halten Sie also auch Ihren Text und vor allem die Sätze kurz. Es liest sich einfach besser.

Machen Sie in E-Mails sinnvolle Absätze und denken Sie an die Rechtschreibung. Sie sollten einen eindeutigen Stil an den Tag legen, sodass man nicht zwischen den Zeilen lesen kann.

> **!** ***PS nutzen***
>
> Nutzen Sie die PS-Zeile für Marketingzwecke – sie wird gelesen.

Emoticons haben in E-Mails nichts verloren, solange diese an Geschäftspartner versendet werden. In Briefen konnten wir auch immer klar ausdrücken, was wir meinen. Die Smileys können Sie im privaten Schriftverkehr oder unter Kollegen im internen Bereich verwenden. Stilvoll ist diese Art der Kommunikation allerdings nicht. Ein schöner Sprachstil wäre hier angebrachter. Aber: Was ist ein schöner Sprachstil?

Wählen Sie kurze Sätze und versuchen Sie, absolute Zahlen in Vergleichen darzustellen.

> ***Beschreiben Sie Qualitäten nicht Quantitäten***
>
> *21.420 qm … das entspricht ca. drei Fußballfeldern. Eine Einheit, die sich jeder besser merken kann.*

Sprechen Sie beim Schreiben – wenn möglich – auch andere Sinne an. Erzählen Sie von Gerüchen, vergleichen Sie diese mit frischen Orangen oder Zimtduft – und schon hat der Leser den Geruch in der Nase. Dies ist bei nackten Zahlen im Geschäftsleben selbstverständlich schwer möglich.

Verabschieden Sie sich von alten Zöpfen. Viele E-Mails und Briefe sind immer noch gespickt von Sätzen aus den 50er- oder 60er-Jahren. Wenn Sie ein Unternehmen im 21. Jahrhundert vertreten, sollten Sie auch so schreiben.

Hier einige Vorschläge als Ersatz zu den herkömmlichen Floskeln:

Standardfloskeln	
Vorher	**Nachher**
In der Anlage erhalten Sie …	Anbei erhalten Sie … oder Als PDF-Datei habe ich Ihnen die gewünschte Informationen zum … angehängt.
Aus gegebenem Anlass weisen wir darauf hin …	Wir erinnern daran: …
Für Rückfragen stehen wir Ihnen gerne jederzeit zur Verfügung.	Sollten Sie noch Fragen haben, zögern Sie nicht, uns unter 0123-44 56 78 99 anzurufen.
Es wäre schön, wenn Sie bzw. Ihr Büro sich diesbezüglich mit mir in Verbindung setzen könnten.	Bitte geben Sie mir unter der Telefonnummer 0123-44 56 78 99 Bescheid, ob Sie an diesem Tag Zeit haben. Vielen Dank im Voraus.

Standardfloskeln	
Vorher	**Nachher**
Mit der Bitte um Kenntnisnahme.	Bitte lesen Sie den Brief in Ruhe durch.
Mit der Bitte um Stellungnahme.	Was meinen Sie dazu?
Rücksprache erbeten!	Rufen Sie mich in dieser Sache zurück? Vielen Dank!
Mit der Bitte um Terminvereinbarung.	Lassen Sie uns bald einen Termin vereinbaren.
Wir bestätigen den Erhalt Ihres Schreibens vom …	Vielen Dank für Ihren Brief vom …
Bezugnehmend auf Ihre Anfrage vom … überreichen wir Ihnen in der Anlage unser Angebot.	Sie haben um ein Angebot gebeten – dieses haben wir für Sie maßgeschneidert erstellt.

Verabschiedungsfloskeln	
Vorher	**Nachher**
Wir hoffen, Ihnen hiermit gedient zu haben.	Hoffentlich konnten wir Ihnen damit helfen.
Für Ihr Verständnis dankend …	Danke für Ihr Verständnis.
In Erwartung Ihrer geschätzten Antwort.	Wir freuen uns auf Ihre Antwort.

Verabschiedungsfloskeln	
Vorher	**Nachher**
Mit der Bitte um baldige Rückäußerung.	Bitte geben Sie uns bald Nachricht …
… und verbleiben in diesem Sinne mit freundlichen Grüßen …	Freundliche Grüße

Wichtig: Hinter keiner Verabschiedung steht ein Komma. Also richtig:

- Freundliche Grüße
- Beste Grüße
- Herzliche Grüße

usw.

!

Verstaubtes durch Modernes ersetzen

Der Klassiker aller Sätze ist die Bitte um „Rückantwort" oder die Möglichkeit der „Rückfragen" – das ist doppelt gemoppelt. Streichen Sie einfach den Zusatz „Rück" aus den jeweiligen Aufforderungen und der Satz klingt so, wie Sie ihn auch im normalen Sprachgebrauch benutzen würden.

Überprüfen Sie Ihre Sprache auf veraltete Floskeln und passen Sie diese Ihrer eigenen Sprache an, denn Sie möchten ja nicht verstaubt klingen.

!

Persönliche Weihnachts- oder Grußkarten

Ein Wort zu persönlichen Briefen zur Weihnachtszeit sei an dieser Stelle noch erlaubt: Bitte nehmen Sie sich Zeit, ein paar persönliche Zeilen oder zumindest die Anrede handschriftlich für Ihre Kunden zu verfassen. Die persönliche (keine gedruckte) Unterschrift sollte selbstverständlich sein.

Wer kennt sie nicht, die Weihnachtskarten, die anscheinend in letzter Minute unleserlich unterschrieben werden und dem Empfänger in keiner Weise einen persönlichen Gruß oder Gedanken vermitteln. Solche Weihnachts- oder Geburtstagsgrüße sind reine Geld- und Zeitverschwendung. Die Zeiten der großen Geschenke an Geschäftskunden sind vorbei. Eine Weihnachtskarte ist deshalb die einfachste und günstigste Art und Weise, seinem Kunden für die Zusammenarbeit zu danken und ihm den nötigen Respekt in einem handgeschriebenen Brief oder mit einer Karte entgegenzubringen.

Auf den Punkt gebracht

- E-Mails sind Schriftstücke – denken Sie an die korrekte Rechtschreibung.
- Keine Smileys in Geschäfts-E-Mails.
- Erläutern Sie Anhänge im E-Mail-Text.
- Füllen Sie die Betreffzeile immer sinnvoll aus.

- Antworten Sie spätestens nach zwei Tagen auf eine E-Mail und geben Sie zumindest einen Zwischenstand.
- Differenzieren Sie sich durch eine korrekte Anrede und individuelle Verabschiedung.
- Vermeiden Sie altmodische Floskeln.
- Unterschreiben Sie leserlich auf Karten.

Telefonkonferenzen und Online-Meetings professionell durchführen

Das Telefon ist ein Kommunikationsmittel, über das wir einen ersten Eindruck hinterlassen. Bevor Sie zum Hörer greifen, sollten Sie stimmlich gut klingen und den Frosch – falls vorhanden – aus Ihrem Hals entfernt haben.

- Seien Sie freundlich und verbindlich am Telefon.
- Vergessen Sie nicht zu lächeln – Ihre Stimme klingt dann selbst in angespannten Situationen freundlich.
- Fassen Sie Besprochenes am Ende eines Telefonats zusammen.
- Schaffen Sie Lösungen – keine Probleme.
- Vermeiden Sie Killerphrasen (Fragen Sie statt: „Wie war Ihr Name?" lieber nach: „Können Sie mir Ihren Namen wiederholen?" oder „Wie ist Ihr Name?")
- Stehen Sie bei Konfliktgesprächen auf, das hilft beim Atmen.

Im Zuge der Globalisierung haben Techniken zur Überwindung von Entfernungen in unsere Büroräume Einzug gehalten. Wir müssen nicht mehr gleich ins Flugzeug oder ins Auto steigen, um zu einem Meeting zu erscheinen. Es gibt Technologien wie Telefonkonferenzen, Videokonferenzen oder Web-Ex.

Benutzen wir das Medium Telefon zu Zwecken einer Telefonkonferenz mit mehr als nur zwei Teilnehmern, kann das schnell zur Qual werden.

Es sitzen acht Personen in einem Meetingraum, vor ihnen ein sternförmiger Apparat, der viel verspricht, wenn man ihn nur richtig bedient. Aber alles kann dieser Hightech-Stern auch nicht. Die Teilnehmer müssen bei all diesen Konferenzmöglichkeiten deutlich und laut ins Mikrofon sprechen. Es reicht nicht, dass Sie im Raum sind und einen Vortrag halten, die Personen am anderen Ende der Strippe verstehen dann nämlich nur Bahnhof.

So führen Sie eine Telefonkonferenz professionell durch

Die ersten Schritte sind ähnlich wie die Einladung zu einer ganz normalen Besprechung.

Sie versenden die Einladung mit Anlass, Zeit und Teilnehmerliste sowie den Themen, die besprochen werden sollen. Weisen Sie in der Einladung darauf hin, dass es sich um eine Telefonkonferenz handelt. Sollte noch keine Einwahlnummer vorhanden sein, kündigen Sie an, diese gesondert zu versenden.

! *Internationale Telefonkonferenz*

Planen Sie eine internationale Telefonkonferenz und die Teilnehmer kennen sich nicht, legen Sie die Sprache fest, in der die Konferenz stattfinden soll, und vermerken Sie dies auf der Einladung.

Klären Sie im Vorfeld, wer welche Rolle bei der Konferenz übernehmen soll. Wird es nur einen Sprecher bzw. Moderator geben?

Sollen die Teilnehmer nur zuhören, dann ist es am besten, sie auf stumm schalten zu lassen. Eröffnen Sie eine Diskussion am Ende der Konferenz, kann sich der Teilnehmer durch Tastendruck freischalten lassen und er wird dann vom Provider angekündigt. „Die nächste Frage kommt von Hans Mustermann."

Klären Sie auch ab, ob die Konferenz mitgeschnitten werden soll. Es kann aber auch sein, dass eine Konferenz mitprotokolliert werden muss. Ganz so, als wäre es eine physische Besprechung.

Wenn Personen angesprochen oder gefragt werden, müssen diese mit Namen angesprochen werden, sonst fühlt sich keiner verpflichtet zu antworten. „Peter, können Sie uns die neuesten Marktzahlen geben?" Vergessen Sie nicht, es gibt jetzt keine Körpersprache oder Augenkontakt. Dies muss durch klare Worte und kurze Sätze kompensiert werden.

Telefonkonferenzen werden genauso wie physische Besprechungen mit einem kurzen Small Talk eingeleitet. Sie schaffen damit immer eine angenehme Atmosphäre.

Wählen Sie sich möglichst einige Minuten vor Beginn ein, sodass die Telefonkonferenz pünktlich anfangen kann. Nutzen Sie dabei auch den Small Talk mit neuen Kollegen.

Es gibt verschiedene Variationen von Telefonkonferenzen:

Formen von Telefonkonferenzen

- *Dial-in-Konferenz – Teilnehmer wählen sich selbst ein*

  Jeder Teilnehmer wählt sich selbst mittels Zugangsdaten in die Konferenz ein – egal von welchem Land, egal ob mit Handy oder Festnetztelefon.

- *Dial-out-Konferenzen – Teilnehmer werden angerufen*

  Bei dieser Konferenz übernehmen Sie zusätzlich die Verbindungskosten für Ihre Konferenzteilnehmer, die vom Provider automatisch zu dem von Ihnen gewünschten Zeitpunkt angerufen werden und zur Konferenz hinzugeschaltet werden.

- *Offene Telefonkonferenz*

  Jeder wählt sich mit seinem eigenen Telefon ein und ist auf hörbar geschaltet. Wenn Sie nichts zu sagen haben, sollten Sie während der Konferenz Ihren Apparat auf „stumm" schalten, sodass Ihre Geräusche oder Kommentare niemanden stören. Wenn Sie etwas sagen möchten oder Sie gefragt werden, können Sie sofort wieder die Stummschaltung aufheben.

! Bei größeren Konferenzen ist es ratsam, einen Konferenzanbieter zu nutzen, der die Stummschaltung von Teilnehmern erlaubt (einzeln und/oder zentral), um Störungen durch Nebengeräusche wirksam zu unterbinden. Zudem sollten alle Teilnehmer informiert werden, keine Freisprech- oder Lautsprecheinrichtungen zu nutzen, da sich dies deutlich hörbar auf die Empfangsqualität für alle Teilnehmer auswirkt.

Neben den technischen Rahmenbedingungen gibt es auch noch andere Aspekte, die bei der Gestaltung einer Telefonkonferenz beachtet werden sollten:

Wichtige Aspekte bei Telefonkonferenzen

Im Vorfeld einer Telefonkonferenz sollten Sie sich zwischen folgenden Varianten entscheiden:

Sie können mehrere Gruppen miteinander zum Beispiel mit nur wenigen Geräten verbinden. Stellen Sie sich vor, Sie sitzen in München mit fünf Personen im Besprechungsraum und das französische Vertriebsteam ist in Paris. Wenn Sie also einen Lautsprecher und ein Mikrofon haben, ist wirklich absolute Disziplin gefordert. Selbst bei den besten technischen Geräten sollten Sie sich bei einem Beitrag zum Mikrofon der Anlage begeben und nicht annehmen, man könnte Ihren Kommentar im Raum ausgesprochen deutlich und klar in Frankreich hören. Allerdings können Gelächter, Tassengeklapper oder Nebengespräche eine Konferenz massiv stören.

Sie können aber auch einen Provider beauftragen, die Telefonkonferenz zu begleiten. Das wird meist dann gemacht, wenn es eine Bekanntmachung oder Rede einer Person am Anfang gibt und danach das Mikrofon geöffnet wird, damit die Zuhörer dazu Fragen stellen können. Bei dieser Moderation durch den Provider wird der Name meist bei Freischaltung genannt. Sollte das nicht der Fall sein, nennen Sie in jedem Fall, bevor Sie Ihre Frage stellen, Ihren Namen, und sagen Sie, aus welchem Büro Sie anrufen. Fangen Sie aber nicht an, Kommentare zur Rede abzugeben oder Witze zu reißen. Bleiben Sie sachlich. Und stellen Sie eine klare Frage, die hoffentlich eindeutig beantwortet werden kann.

Versenden Sie nach einer Telefonkonferenz ein Protokoll, verbunden mit einem Dank an die Teilnehmer.

!

Unsere Tipps

- Versenden Sie eine Agenda.
- Vergessen Sie nie die Einwahlnummer und PIN.
- Legen Sie eine Rollenverteilung fest.
- Versenden Sie vorher alle notwendigen Unterlagen.
- Machen Sie sich Gesprächsnotizen.
- Fassen Sie Ergebnisse am Schluss noch einmal zusammen
- Vermeiden Sie Hintergrundgeräusche.
- Wenn Sie nicht sprechen müssen, stellen Sie Ihr Telefon auf stumm.
- Unterbrechen Sie einen Sprecher nicht – warten Sie ab, bis er ausgesprochen hat.
- Rechnen Sie mit Sprachverzögerungen, wenn Teilnehmer mit Handy oder aus dem Ausland anrufen.

Anbieter von Telefonkonferenzen gibt es einige. Das Prinzip ist aber immer das Gleiche. Sie bekommen für einen festen Zeitraum eine Telefonnummer zugeordnet, die Sie an die Teilnehmer weiterleiten. Mit der Telefonnummer wird ein Passwort oder Code mitgeliefert, den Sie den Teilnehmern geben müssen, damit sie sich für die Telefonkonferenz ausweisen können. Dieser Raum kann für den gesamten Zeitraum genutzt werden und ist dann fix für Ihre Firma gespeichert oder Sie melden eine einmalige Telefonkonferenz an. Dann wird auch immer wieder ein neuer PIN vergeben.

So organisieren Sie ein Online-Meeting

Sollten Sie ein Online-Meeting planen, buchen Sie Ihren internen Besprechungsraum zeitig und sorgen Sie dafür, dass die Technik funktioniert. Es gibt inzwischen Techniken, die so hervorragend übertragen, dass man sich wie in einem persönlichen Gespräch wahrnimmt (z. B. Cisco TelePresence – eine lippensynchrone Technik mit drei Monitoren, die den Konferenzraum als einen darstellt, http://www.cisco.com).

Seien Sie auch in einem Online-Meeting korrekt gekleidet. Wenn Sie sicher sind, dass Sie nicht aufstehen werden, könnten Sie auch die Variante „Oben hui und unten pfui" wählen. Also Sakko, Hemd und eventuell Krawatte kombiniert mit Jeans. Ratsam ist es aber, immer ganz korrekt aufzutreten. Also vom Scheitel bis zur Sohle stimmig zu sein.

Denken Sie daran, dass der Hintergrund im Kamerabild neutral ist. Ein kopierender Praktikant im Hintergrund, den man durch die Glasscheibe sehen kann, ist in einer Videokonferenz sehr störend. Auch eine Palme, die hinter Ihnen steht, könnte ablenken.

Haben Vorbesprechungen an Whiteboards oder Flipcharts stattgefunden und die Ergebnisse können eventuell im Hintergrund gelesen werden? Vergewissern Sie sich, dass alle Informationen abgewischt oder das Flipchart umgeblättert wurde, bevor es losgeht. Also „Clean Desk Policy" im Meetingraum ist hier sehr wichtig.

> ***Klappern gehört hier nicht zum Handwerk***
>
> Klappern von Tassen und Geschirr sollte auf jeden Fall vermieden werden

Der Mitschnitt einer Besprechung sollte angekündigt werden.

Die Vorteile für Online-Besprechungen liegen auf der Hand:

- Weltweit einsetzbar
- Reisekosteneinsparung
- Erreichung großer Gruppen
- Tool für Trainings- oder Produktvorstellungen

> ***Unsere Tipps***
>
> - Ein neutraler Hintergrund für Online-Meetings ist Pflicht.
> - Buchen Sie den Konferenzraum rechtzeitig.
> - Kündigen Sie einen Mitschnitt immer an.

Zusammenführung von Wahrheit und Wahrnehmung

Unsicherheit darüber, wie man sich den anderen gegenüber verhalten soll, ist am Anfang ganz normal. Welche Umgangsformen herrschen in der neuen Firma? Welche internen Regeln gibt es? Schon im Vorstellungsgespräch und später dann vor Ort ist es hilfreich, die anderen genau zu beobachten und sich an deren Verhalten zu orientieren.

Es ist meistens die Wahrnehmung der anderen, die Ihr Bild ausmacht – nicht die „Wahrheit" (sofern es sie geben sollte).

Gestalten Sie Ihr Image im Gespräch

Sie sind wahrscheinlich voller Ideen und Vorschläge und möchten Ihre Erfahrung ein- und umsetzen. Lassen Sie sich damit aber ein wenig Zeit. Etwas anderes ist in den ersten Tagen von besonderer Wichtigkeit:

Neben Ihrem fachlichen Know-how sollten Sie in der Anfangsphase Ihre Teamfähigkeit und Ihr zwischenmenschliches Geschick unter Beweis stellen. Demonstrieren Sie lieber ein positives Verhältnis zu Ihren Geschäftspartnern und Vorgesetzten, anstatt sich durch Einzelkämpfe in der Businessarena hervorzuheben.

Nehmen Sie sich am Anfang etwas zurück und hören Sie zu, was die „alten Hasen" erzählen. So erfahren Sie am meisten über das Unternehmen und darüber hinaus auch, wie vertrauenswürdig der eine oder andere ist. Gehen Sie mit unterschiedlichen Kollegen in die Mittagspause. Sobald Sie Lästereien wahrnehmen, sollten Sie sich fernhalten bzw. nicht Partei ergreifen. Vermeiden Sie auch zu offene Gespräche. Plaudern Sie nicht frei von der Leber weg, wenn es um Ihren ersten Eindruck geht, den der vertrauenerweckende Mitarbeiter herauskitzeln möchte. Bleiben Sie diplomatisch und halten Sie mit Ihrer Meinung noch ein wenig hinterm Berg.

> **!** ***Erzählen Sie von sich***
>
> Erzählen Sie etwas von sich, das Sie preisgeben können. Gestalten Sie Ihr eigenes Image, sonst tun es die anderen für Sie.

Was haben Sie am Wochenende getan oder welche Sportarten gefallen Ihnen? Sprechen Sie über Musik, die Sie mögen, oder über den letzten Kinofilm, den Sie gesehen haben. All dies sind Dinge, die ein wenig Klarheit für Ihre neuen Kollegen bringen. Und denken Sie daran, Ihr Online-Profil zu aktualisieren. Auch Kollegen surfen im Internet und finden viel heraus, um diesen neuen Mitarbeiter, Vorgesetzten oder Trainee näher kennenzulernen.

> **!** ***Ergreifen Sie beim Duzen nicht die Initiative***
>
> Duzen Sie Kollegen und Vorgesetzte nicht einfach. Das „Du“ wird vom Ranghöheren angeboten.

Auch wenn sich die Kollegen untereinander duzen, sollten Sie darauf warten, dass man Ihnen das Du anbietet. Werden

Sie einfach geduzt, können Sie das gerne erwidern. Ansonsten sollte ein Du dem neuen Kollegen angeboten werden – es sei denn, Sie sind die ranghöhere Person. Im Zweifel können Sie Ihren Kollegen auch einfach ansprechen: Sagen Sie ihm, dass Sie etwas verunsichert wegen der Anrede sind, da man Sie duzt, es Ihnen aber noch nicht angeboten wurde.

Es gibt die Variante, Personen mit ihrem Vornamen und „Sie" anzusprechen. Damit wahren Sie immer noch die deutsche Distanz sind aber nicht per „Du". Im Grunde die Form, die im Englischen auch praktiziert wird.

Auf den Punkt gebracht

- Erzählen Sie von sich.
- Das Du wird von Ranghöheren angeboten.
- Gehen Sie mit unterschiedlichen Kollegen zum Mittagessen.
- Hören Sie zu, was die neuen Kollegen erzählen.
- Lästern Sie nicht und lassen Sie sich nicht dazu verführen.

Small Talk mit den neuen Kollegen

Warten Sie nicht darauf, dass die Kollegen Sie zur Kaffeepause abholen, sondern gehen Sie selbst auf die anderen zu. Haben Sie eine Frage an den Chef, gehen Sie kurz vor dem Mittagessen zu ihm und anschließend gemeinsam in die Kantine.

Versuchen Sie sich, so gut es geht, die Namen der Kollegen zu merken. Ist ein Name schwer auszusprechen oder nicht sofort für Sie verständlich, dürfen Sie nachfragen.

> **!**
> ***Eselsbrücken erlaubt***
> Am besten wiederholen Sie den Namen oder fragen nach, wie man den Namen korrekt ausspricht oder wo dieser seinen Ursprung hat. Dann werden Sie sich den Namen besser merken können – und schon sind Sie mitten im Small Talk.

Geben Sie sich stets Mühe, genau zuzuhören, was Ihr Gegenüber mag. Merken Sie sich dieses Detail und greifen Sie es an gegebener Stelle wieder auf – das zeigt nicht nur, dass Sie aufmerksam zuhören, sondern drückt auch Wertschätzung aus.

Es ist wichtig, dass Sie etwas von sich preisgeben. Unverfängliche Small-Talk-Themen sind für Sie wahrscheinlich: Sport, Wochenendaktivitäten, Urlaube, Hobbys und Ihre Heimat. Sie werden in einem Small Talk mit den Kollegen schnell feststellen, ob Sie ein Thema angeschnitten haben, über das die Person nicht so gerne sprechen möchte. In dem Augenblick nämlich, wo auf Ihre Frage nur kurz geantwortet und das Thema nicht vertieft wird, sollten Sie auch nicht noch einmal nachhaken.

Die klassischen Tabuthemen sind:

- Polarisierende Themen wie Politik und Religion
- Verletzende Themen: alt, dick, grau …
- Jammern

- Negatives über gemeinsame Bekannte
- Firmeninternes und zu tiefe Fachgespräche
- (Herren-)Witze
- Behauptungen und Pauschalaussagen

Wie aber kommen Sie überhaupt in den Small Talk? Es gibt verschiedene Möglichkeiten, das Eis zu brechen, um überhaupt ins Gespräch zu kommen. Dazu bieten sich Ihnen folgende Möglichkeiten:

- Eine Floskel („Schönes Wetter ...", „Wie geht's?")
- Beobachtung (was steht auf dem Schreibtisch des Kollegen, Bilder an der Wand, Baustelle vor der Tür ...)
- Kompliment („Ihr Outfit gefällt mir, steht Ihnen gut!", „Sie sehen so erholt aus, waren Sie im Urlaub?")
- Nach Hilfe fragen („Können Sie mir sagen,, wie die Kaffeemaschine funktioniert ...", „Wo kann man denn gut essen gehen mittags ...?")

> **!**
> ***Nutzen Sie den Moment***
> Am besten, Sie haben keinen Plan, um Menschen anzusprechen. Schauen Sie sich um und nehmen Sie wahr, was gerade passiert.

So beschreibt es auch Leo Martin in seinem Buch „Ich krieg dich!" bei der Ansprache von fremden Menschen: Der beste Plan ist kein Plan, sondern lieber spontan zu handeln, wenn es um die Ansprache von Menschen geht. Um Ihnen die Angst davor zu nehmen, auf fremde Menschen zuzugehen, sollten Sie so oft wie möglich fremde Menschen unvorbereitet ansprechen: in der Bahn, an der Kasse, im Hotel, auf einer Veranstaltung, beim Stadtbummel, im Urlaub, an der Bar …

Haben Sie den ersten Schritt gemacht, wird Ihr Gesprächspartner Sie nur in den seltensten Fällen abblitzen lassen.

Und dann können Sie mit offenen Fragen (wer, wie, was?) in den Small Talk einsteigen. Sie sind übrigens der beste Small Talker, wenn Sie Ihre Kollegen sprechen lassen und sich selbst zurücknehmen. Hören Sie aufmerksam zu und beteiligen Sie sich aktiv, indem Sie zustimmend nicken.

!

Nicken Sie langsam

Wenn Sie langsam nicken, animieren Sie Ihren Gesprächspartner dazu, weiter zu erzählen. Nicken Sie hingegen schnell mit dem Kopf hoch und runter, wird Ihr Gegenüber versuchen, den Satz oder den Gedanken schnell zu beenden, da Sie anzeigen, dass Sie schon wissen, worum es geht.

Aktiv zuhören heißt nicht nur, dem Gesprächspartner zuzustimmen und zu nicken, sondern vielmehr, sich die Stichworte zu merken, die nebenbei gefallen sind. Nachdem Sie eine offene Frage gestellt haben, erhalten Sie oft mehr als nur ein mögliches Gesprächsthema. Gehen Sie auf eines davon ein und merken Sie sich die weiteren Themensteilpässe für später.

Mit so einem Stichwort können Sie auch ein unangenehmes Thema verlassen und das Gespräch umlenken – auch wenn das neue Thema gedanklich überhaupt nicht zum letzten Thema passt.

„Ich weiß nicht, wie ich darauf komme, aber …"

Sie erwähnten vorhin, dass Sie in Hamburg studiert haben. Wie lange haben Sie dort gelebt? Was hat sich seitdem verändert?"

Einige Menschen möchten scheinbar gar nicht mit Ihnen oder auch anderen small talken. Wenn alle offenen Fragen nicht fruchten und „Ort, Umfeld und Anlass" bereits angesprochen wurden, können Sie sich einen kleinen Trick zur Hilfe nehmen. Jedes Gesprächsthema kann auf unterschiedlichen Ebenen besprochen werden. Versuchen Sie es mal nach diesem Schema:

E – conomical

T – echnical

H – uman

O – rganizational

S – ocial

Für den analytischen Small Talker dürften E (wirtschaftliche), T (technische) und O (organisatorische) als Themenebenen interessant sein. Probieren Sie es aus. Vielleicht können Sie den richtigen Knopf drücken und Ihr Gegenüber fängt an zu reden.

Was bedeutet das jetzt konkret an einem Beispiel?

Nehmen wir an, Sie sind auf einem Golfevent und sind mit einen analytischen Small Talker im Gespräch. Welche Fragen könnten Sie zu den einzelnen Ebenen stellen:

„Ich habe keine Ahnung vom Golfen, das ist mein erster Golfevent …"

> *E – „Ich habe gehört, dass Golfen heutzutage ganz erschwinglich geworden ist und man muss gar nicht mehr so eine hohe Mitgliedschaft bezahlen. Was gibt es denn da für Möglichkeiten?"*
>
> *T – „Benötigt man immer das ganze Set an Golfschlägern oder gibt es ein Minimum an Schlägern, die man mitnimmt? Welche?" oder „Warum heißt das Holz eigentlich Holz?"*
>
> *H – „Mit wem waren Sie heute in einem Flight?"*
>
> *O – „Wie viel Zeit muss man für 18 Loch einkalkulieren?" oder „Wie schnell kann man sein Handicap verbessern?"*
>
> *S – „Was ist eigentlich das 19. Loch?" oder „Man sagt ja, auf dem Golfplatz werden die besten Geschäfte gemacht. Stimmt das?"*

Sollten Sie bei einer Veranstaltung mit Ihrem Gegenüber nicht ins Gespräch kommen oder weiterziehen wollen, dürfen Sie dies gerne tun. Sie sind nicht verpflichtet, an einer Person hängenzubleiben. Es gibt einige Möglichkeiten, ein Gespräch galant zu beenden:

- Gehen Sie zum Buffet oder zur Bar, bieten Sie Ihrem Gast gerne etwas an.
- Begrüßen Sie weitere Gäste – als Gastgeber ist das Ihre Pflicht.
- Stellen Sie gezielt einen Menschen vor, schlagen Sie dabei ein Thema vor, über das die beiden reden können.
- Oder sagen Sie einfach: „Ich möchte gerne noch die Runde machen und schauen, wer noch so da ist … wir sehen uns bestimmt noch im Laufe des Abends."

Sollten Sie allein auf einer Konferenz sein und Sie wollen Kontakte knüpfen, beobachten Sie die Körpersprache der anderen Teilnehmer.

Folgende Indizien sind Anzeichen, dass man bereit ist, mit Ihnen zu reden:

- Längerer Blickkontakt, wenn Sie den Raum betreten.
- Offene Körperhaltung (z. B. das Spielbein zeigt in eine andere Richtung als das Gesicht. Dadurch dreht sich der Körper leicht vom Gesprächspartner weg, obwohl ein fester Blickkontakt vorhanden ist) im Zweiergespräch.
- Eine Gruppe hat ein oder zwei Plätze im Gesprächskreis frei gelassen.
- Gruppe am Stehtisch mit freien Plätzen
- Einzelpersonen

Sollten Sie kein Glück haben und alle Personen sind in ein Gespräch vertieft, suchen Sie sich einen Platz an der Bar oder zwischen Eingang und Bar. Hier kommen die meisten Menschen vorbei, die dann auf Sie treffen könnten.

Auf den Punkt gebracht

- Stellen Sie offene Fragen (das sind meist die W-Fragen: wer, was, wann, wo, wie …?).
- Schreiben Sie sich mögliche Small-Talk-Themen/Interessen, die Sie bei Kunden oder Kollegen entdeckt haben, auf.
- Suchen Sie Gemeinsamkeiten: Ort, Umfeld und Anlass.
- Lassen Sie den anderen mehr reden. Eine Verhältnis von 70 : 30 (zuhören und reden) ist angenehm.
- Diskutieren, jammern oder streiten Sie nicht – Sie wollen sympathisch wirken.
- Vermeiden Sie Tabuthemen.

Feedbackgespräche suchen – Bestätigung finden

Sollten Sie nach einigen Wochen oder den ersten Monaten ein Feedbackgespräch mit dem Personalchef oder Ihrem Vorgesetzten haben, äußern Sie auch Ihre Beobachtungen und Gefühle.

! *Bereiten Sie sich vor*

Bereiten Sie sich auf dieses Gespräch vor. Es geht um Ihre Zukunft. Jetzt können Unklarheiten ausgeräumt werden.

Sollte es keine klaren Zielvereinbarungen beim Einstellungsgespräch geben, an die auch Ihr Gehalt gekoppelt ist, vereinbaren Sie welche. Sprich, welche Erwartungen hat Ihr Vorgesetzter an Sie? Welche Aufgaben sind zu erledigen? Woran wird Ihr Erfolg gemessen? Schlagen Sie auch eigene Ziele vor. Was möchten Sie erreichen? Gibt es Weiterbildungen, an denen Sie gerne teilnehmen möchten und warum?

! ***Ziele sollen SMART sein***

Bedenken Sie immer, dass die Ziele erreichbar sein sollten und einfach und klar definiert sind (SMART: spezifisch, messbar, attraktiv, realistisch, terminiert).

Eine Anpassung der Ziele im Laufe des Geschäftsjahres oder während der Anstellungszeit ist durchaus üblich. Vor allem dann, wenn sich die Parameter wie Produkte, Strategie, Partner etc. ändern.

Nehmen Sie zu einem Feedback-Gespräch auf jeden Fall die gesammelten Kundenreferenzen und Beurteilungen mit. Vergessen Sie nicht Ihr Erfolgstagebuch.

Sollten Sie bei einem Feedback-Gespräch pauschale Aussagen erhalten, fragen Sie ruhig nach konkreten Beispielen:

> *„Wobei ist Ihnen das aufgefallen?"*
>
> *„Haben Sie ein konkretes Beispiel für mich?"…*

Was tun, wenn es nicht passt?

Ihre Kollegen lästern und spinnen Intrigen. Sie sind entsetzt über das Klima am neuen Arbeitsplatz und wollen so schnell wie möglich wieder kündigen.

Haben Sie für sich die Entscheidung getroffen, müssen Sie etwas Geduld bewahren. Sie sollten erst kündigen, wenn Sie einen neuen Arbeitsvertrag in den Händen halten. Werden Sie arbeitslos, verschlechtert das Ihre Ausgangsposition bei der Suche nach einem nächsten Job und Sie müssen Kompromisse machen.

Bemühen Sie sich in der Übergangszeit um eine veränderte Einstellung, die es Ihnen dort erträglicher macht. Betrachten Sie die verbleibende Zeit als eine Art persönliches Trainingslager, in dem Sie Ihre Fähigkeit trainieren, sich von Umgebungseinflüssen zu distanzieren. Einfacher ausgedrückt: Lassen Sie sich ein dickes Fell wachsen. Und halten Sie sich mit kritischen Äußerungen zurück, damit Sie nicht selbst in die Schusslinie geraten. Das wäre eine unnötige zweite Baustelle, die Sie nur Energie kostet, Ihnen aber keinen Vorteil verschafft.

Wenn Sie einen längeren Berufsweg hinter sich haben und immer wieder nach kurzer Zeit das Unternehmen gewechselt haben, macht sich das in Ihren Bewerbungen nicht gut. Dann stellt sich für den Betrachter die Frage, ob die Person wenig Durchhaltevermögen besitzt und bei ersten Schwierigkeiten aufgibt – oder ob sie die Probleme gar selbst verursacht.

Weniger kritisch ist ein schneller Jobwechsel, wenn er im Lebenslauf die Ausnahme bildet. Denn es kommt immer mal wieder vor, dass Arbeitgeber und Arbeitnehmer einfach nicht zusammenpassen. Auch Befristungen werden Ihnen nicht angekreidet. Verdeutlichen Sie das unbedingt in Ihrem Lebenslauf.

Gehen Sie im Guten

Egal ob in der Probezeit oder später: Sollten Sie planen, das Unternehmen zu verlassen, gehen Sie im Guten.

Hinterlassen Sie einen guten bleibenden Eindruck. Sollten Sie mal eine Referenz benötigen, ist es immer hilfreich, einen Fürsprecher beim ehemaligen Arbeitgeber zu haben. Es ist völlig normal, sich auf zu neuen Ufern zu machen und ein Vorgesetzter muss mit solchen Veränderungen rechnen. Seien Sie aber so fair, dass Sie die Nachricht nicht auf den letzten Drücker überbringen. Die Lücke, die Sie hinterlassen, muss geschlossen werden und dafür benötigt man Zeit.

Nachdem Sie Ihren Vorgesetzten über Ihren neuen Job informiert haben, können Sie Ihre Neuigkeit verbreiten. Seien Sie dabei möglichst schneller als der Flurfunk.

- Arrangieren Sie einen Ausstand. Dabei könnte ein kleiner Umtrunk passend sein, wenn das Klima noch stimmt.
- Sollten Sie nicht sofort das Unternehmen verlassen müssen (aufgrund von Geheimhaltungs- oder Konkurrenzklauseln), sollten Sie bis zum Ende Ihres Engagements arbeiten.
- Räumen Sie Ihren Schreibtisch auf, bevor Sie gehen. Am Ende sollte nichts außer Ihrem Fachwissen die Firma verlassen, alles andere könnte Ärger geben.
- Schreiben Sie frühzeitig Ihre Geschäftspartner an, um die nachfolgenden Ansprechpartner vorzustellen und eventuell Ihre neuen Kontaktdaten weiterzugeben.

!

Unsere Tipps

- Vereinbaren Sie Ziele und passen Sie diese bei Bedarf an.
- Machen Sie selbst Vorschläge für Ihre Ziele.
- Hören Sie sich Feedback und Erwartungen an und arbeiten Sie damit.
- Ein Feedback-Gespräch sollte unter vier Augen geführt werden – nicht vor einer Gruppe!
- Verwenden Sie Ich-Botschaften, wenn Sie etwas anzumerken haben.
- Negative Kritik sollte sachlich vorgetragen werden und niemals anklagend wirken.

Guter Sprachstil im Job

Sollten Sie Meinungsverschiedenheiten unter Kollegen haben, treten Sie behutsam auf. Pochen Sie nicht auf Ihr Recht, sondern hören Sie sich die Gegenargumente an. Zeigen Sie Interesse und Respekt. Ellenbogenmentalität ist vor allem in der Probezeit nicht von Vorteil.

Bei Fragen nach dem alten Job sollten Sie stets sachlich bleiben. Über die alten Kollegen oder den Chef herziehen, ist tabu.

Tauschen Sie sich mit Kollegen über bevorzugte Kommunikationsstile aus. Möchte jemand zum Beispiel lieber persönlich, per Telefon oder per E-Mail informiert werden, versuchen Sie, diesen Weg auch einzuhalten.

Am Anfang ergeben sich sicherlich viele Fragen. Doch stören Sie Kollegen oder Vorgesetzte nicht während eines Telefongesprächs oder wenn er oder sie offensichtlich in Eile ist, sondern warten Sie einen passenden Moment ab.

Die deutsche Kommunikation ist nach Edward T. Hall von einer einfachen Kontextkultur geprägt. Das heißt, wir sagen, was wir wollen, und sprechen nicht zwischen den Zeilen. Beherzigen Sie das auch, wenn Sie eine Aussage machen. Verzichten Sie auf lasche Floskeln wie: „Nicht schlecht", „War ganz o. k." – wie wäre es mit „Gut gemacht!" oder „Sehr schön!".

Achten Sie auf Ihren Umgangston. Sollten Sie zum Beispiel einer Besprechungsrunde als Letzter beitreten, klopfen Sie zur Begrüßung nicht auf den Tisch. Vermeiden Sie „originelle" Ausdrücke wie „Respekt!" oder „Cool" – das mögen die wenigsten heute noch hören.

!

Lesen Sie viel!

Das Beste, was Sie tun können, um Ihren eigenen Stil zu verbessern, ist, viel zu lesen. Sie bereichern Ihren Wortschatz und können differenzierter formulieren.

Die Art, wie wir sprechen, hinterlässt bei anderen einen Eindruck. Benutzen wir beispielsweise häufig Füllwörter wie „vielleicht" oder „eventuell", gelten wir bei unserem Gegenüber schnell als unsicher. Damit schwächt man seine Aussagen selbst. Streichen Sie diese Wörter aus Ihrem Wortschatz und Ihre Sätze werden schnell klarer. So hört man Ihnen eher zu – und das steigert auch Ihr Selbstbewusstsein.

Kurz und knackig

Vermeiden Sie zudem lange verschachtelte Sätze. Egal ob bei Vorträgen oder Gesprächen. In der Kürze liegt die Würze. Ihre Zuhörer können Ihnen so besser folgen.

Fast für jeden Ausdruck gibt es eine passende Beschönigung (Euphemismus). Auch Sie können Ihrer Wortwahl ein wohlklingenderes Antlitz verleihen.

Statt „blödsinnig, hirnrissig, widersinnig" klingt doch „absurd" besser. Oder falls Sie jemandem sagen möchten, dass er etwas „unzeitgemäß" handelt, sagen Sie lieber „anachronistisch".

Unsere Tipps

- Streichen Sie Füllwörter aus Ihrem Vokabular.
- Machen Sie kurze Sätze.
- Passen Sie Ihre Sprache Ihrem Gegenüber an.
- Vermeiden Sie flapsige Antworten.
- Streichen Sie Umgangssprache oder Slang aus Ihrem Repertoire.

Altes kennenlernen – Neues einführen

Im neuen Unternehmen angekommen, wissen Sie meist nur wenig über den allgemeinen Ablauf und die Kultur, die im neuen Unternehmen herrscht.

Halten Sie sich zunächst an die Vorgaben, die man Ihnen macht, auch wenn Ihnen diese in manchen Fällen wenig sinnvoll erscheinen sollten. Wenn Sie sich eingearbeitet und das Unternehmen in Ruhe kennengelernt haben, können Sie immer noch Verbesserungsvorschläge machen.

Stellen Sie Fragen und lassen Sie sich von anderen helfen. Keiner erwartet, dass Sie die Abläufe von selbst kennen. Sollten Sie keine Einweisung für Ihr Arbeitsfeld bekommen und einfach ins kalte Wasser geworfen werden, ist unser Rat an Sie: Lassen Sie sich eine Person von Ihrem Vorgesetzten nennen oder bitten Sie ihn selbst darum, ihn um Rat fragen zu dürfen. Je besser die Einarbeitung ist, desto reibungsloser und schneller können Sie effektiv arbeiten.

Sie mögen viel Erfahrung haben oder gleich erkennen, wo es klemmt. Oft ist es ja so, dass ein Externer sofort sieht, wie man Abläufe optimiert oder dass neue Prozesse eingeführt werden sollten. Nicht umsonst gibt es so viele Unternehmensberater, die für viel Geld in die Betriebe geholt werden.

Ja, Sie sind jetzt auch eine Art Berater. Sollte Ihnen etwas auffallen oder Sie möchten bereits erprobte Abläufe einführen, treten Sie nicht übermütig auf und versuchen Sie nicht gleich, den Laden umzukrempeln.

!

Führen Sie Neues behutsam ein

Prozesse, die Sie vorher erklärt und eventuell gemeinsam entwickelt haben, werden viel erfolgreicher umgesetzt als die, die Sie vorschreiben. Ziehen Sie die Kollegen auf Ihre Seite, indem Sie Neues gemeinsam ausbrüten.

Nehmen Sie die Kollegen, die mit der Neuerung am meisten zu tun haben, möglichst frühzeitig an Bord. Sie vermeiden so unnötige Zeitverzögerungen und Gegenwehr bei den Betroffenen. Im Gegenteil, durch den Austausch mit den Kollegen werden Prozesse und Neuerungen oft noch verbessert oder an die Situation im Unternehmen angepasst. Hören Sie also aufmerksam zu, wenn Anmerkungen zu Ihrem Vorschlag gemacht werden.

!

Unsere Tipps

- Erleben Sie zunächst die alten Prozesse, bevor Sie alles erneuern.
- Wenn Sie etwas verändern wollen: Holen Sie Ihre Kollegen frühzeitig gedanklich ab und nehmen Sie sie mit an Bord.

Die ersten 100 Stunden im Projekt

Projektarbeit gehört zum Standard vieler Berufseinsteiger, Berater oder IT-Entwickler. Im neuen Projekt sind Sie mit den gleichen Herausforderungen konfrontiert wie bei einem Neustart bei einem neuen Arbeitsgeber. Manchmal ist es sogar eine größere Herausforderung, da Sie als Mitarbeiter einer Firma in ein anderes Unternehmen entsendet werden und sich der neuen Firmenkultur anpassen müssen. Sie kommen aus bekannten Abläufen und internen Umgangsformen in ein neues Umfeld und dürfen „umlernen" und sich an eine andere Firmenkultur anpassen.

Dies bedeutet, dass Sie im fremden Umfeld glaubwürdig und mit Selbstvertrauen auftreten sollten. Sie haben es mit Veränderung und Stress zu tun und sollten möglichst schnell alle Spieler kennen. Flexibilität und vor allem kommunikative Fähigkeiten sind im Projektgeschäft gefragt. Wer in einem Projekt gesehen wird, darf Verantwortung übernehmen und bekommt spannende Aufgaben. Setzen Sie sich also positiv in Szene, reden Sie von Erfolgen und bringen Sie sich in Meetings ein.

Ihre sozialen Kompetenzen bestehen vor allem in Kritikfähigkeit, Teamfähigkeit und Führungskompetenz – vor allem wenn Sie eine Projektleitung übernehmen.

Kenne das Ziel

Beim Start eines Projektes sollte man wissen, wo die Reise hingeht. Um das sicher zu stellen, sollten vor allem die Ziele und Zwischenziele bekannt sein. Gleichen Sie den Auftrag nochmal mit dem Kunden vor Ort ab. Finden Sie heraus, wer welche Rolle spielt und vor allem wer die Entscheider sind. Prägen Sie sich die Gesichter der wichtigsten Personen im Unternehmen ein. Wenn Sie etwas im Projekt eskalieren müssen, sollten Sie die richtigen Ansprechpartner kennen und möglichst auch umgekehrt.

Sollten Sie als Projektleiter in ein Unternehmen kommen, empfiehlt es sich anfangs mit allen Teammitgliedern einzeln zu sprechen.

!

- Wie kommt diese Person zum Projekt?
- Welche Stärken hat die Person?
- Was macht sie gerne, was nicht?
- Was motiviert das Teammitglied? (dazulernen, Neues ausprobieren, braucht die Person Freiraum oder will sie geführt werden?).

Denken Sie auch daran, den gewünschten Zeitrahmen abzufragen.

!

- Bis wann soll das Projekt abgeschlossen werden?
- Welche Vorarbeiten wurden bisher durchgeführt?
- Welche Ressourcen stehen zur Verfügung?
- Wie wichtig ist das Projekt für das Unternehmen?
- Wer hat es ins Leben gerufen?

Je mehr Sie über die Rahmenbedingungen wissen, um so entspannter können Sie im Projekt agieren.

Sprechen Sie Ungereimtheiten frühzeitig an. Sollte Ihnen auffallen, dass Ziel, Budget und Teamzusammensetzung nicht übereinstimmen, eskalieren Sie Ihre Erkenntnisse an der richtigen Stelle. Solche Fehlplanungen können schnell das Ende eines Projekts bedeuten. Seien Sie sich im Klaren, dass Sie als externer Projektleiter der Sündenbock für vieles sind. Legen Sie sich ein dickes Fell zu und dokumentieren Sie Besprechungen und Zielvereinbarungen. Sie kosten den Kunden eine Menge Geld, seien Sie es auch Wert. Excel, Word und PowerPoint sind Handwerkzeug, dass Sie beherrschen sollten, genauso wie gute Umgangsformen. Seien Sie zu Besprechungen immer pünktlich, wenn nicht sogar „überpünktlich" – nutzen Sie die Zeit im Besprechungsraum zum Netzwerken – vor aber auch nach der Besprechung.

Shut up, listen and learn

In den ersten Tagen heißt es vor allem, den Mund zu halten, zuzuhören und viel zu lernen. Sicherlich darf man Fragen stellen, allerdings klären sich einige Dinge oft mit der Zeit von selbst. Halten Sie Augen und Ohren offen. Drei-Letter-Codes und interne Abkürzungen schreibt man sich am besten auf und lernt sie wie Vokabeln. Nach kurzer Zeit sind diese Dinge intus.

Denken Sie daran, Sie werden immer ein externes Projektmitglied sein. Verstehen Sie sich auch noch so gut mit dem Projektteam – Sie sind kein „Freund", sondern immer ein Fremder. Das heißt für Sie, nicht aus dem Nähkästchen zu plaudern. Nutzen Sie eine gute Stimmung für sich und kombinieren Sie Ihnen Anvertrautes, um das Team, Verflechtungen und Konkurrenten zu verstehen.

Dresscode beim Kunden

Da Sie als Entsandter nicht im Unternehmen angestellt sind, dürfen Sie auch gerne anders gekleidet sein als die anderen Projektmitglieder. Sie repräsentieren Ihr Unternehmen beim Kunden. Auch wenn der Kunde sagt, er möchte keine Anzüge im Projekt sehen, können Sie mit Stoffhose, Hemd und Lederschuhen oder als Frau in Kombinationen aus Hose, T-Shirt und Blazer eine gute Figur machen. Ein gewisser Unterschied zum Rest des Teams darf wahrgenommen werden. Passen Sie sich dem Team ein wenig an, aber verlassen Sie nicht Ihr Kleidungsniveau. Turnschuhe und Jeans bleiben besser zu Hause!

Feedback einholen

Nach ein paar Wochen sollten Sie ganz nach dem Motto des agilen Managements ein Feedback einholen. Wie zufrieden ist der Kunde? Was gefällt ihm? Wo hakt es? Präsentieren Sie die ersten Ergebnisse und stellen Sie sicher, dass Sie noch auf dem richtigen Weg sind. Gleichen Sie Vorstellungen und Ziele miteinander ab.

Eine Veränderung im Projekt einigermaßen glimpfig über die Bühne zu bringen, bedarf vor allem einer guten Kommunikation. Jeder im Projekt sollte verstehen, warum eine Kursänderung stattfindet. Um so leichter wird es sein, die Strategie umzusetzen und die Ziele zu erreichen. Alle sollten am gemeinsamen Strang ziehen und „abgeholt" worden sein.

Schnelle Teilerfolge schaffen Rückhalt in der Mannschaft für die weiteren Schritte. Nehmen Sie Kritiker ernst – auch wenn Sie sie für rückschrittlich oder als „Bewahrer des Bewährten" einstufen. Zapfen Sie genau diese Informationen gezielt an und holen Sie deren Expertise ein. Nutzen Sie „Besserwisser" und vor allem ihre Stärken. Sieht z. B. jemand in Ihrer Präsentation immer nur die Rechtschreibfehler anstatt der Inhalte, fragen Sie beim nächsten Mal, ob diese Person Ihnen einen Gefallen tun könnte und die Präsentation gegenlesen kann. Verpacken Sie es so, dass der „Besserwisser" seine Expertise einsetzen kann und seine Meinung gefragt ist. Einwände während der Präsentation werden so vermindert.

Vergessen Sie nicht als Projektleiter die Zwischenziele anzuerkennen und zu feiern. Ein Lob für das Team und Hervorhebung Einzelner steigert die Motivation.

!

Teilen Sie Ihren Erfolg mit Ihren Kollegen

Nutzen Sie die Möglichkeit, mit dem Team auf das abgeschlossene Projekt anzustoßen oder die Kollegen zum Essen einzuladen.

!

Unsere Tipps

- Kennen Sie das Ziel und den geplanten Zeitraum.
- Orientieren Sie sich im Projekt – wer sind Ihre Mitspieler!
- Sie sind kein Freund, sondern immer eine Externe Person!
- Treten Sie souverän und selbstsicher auf.
- Repräsentieren Sie Ihren Arbeitgeber – auch im Dresscode.

- Holen Sie Feedback ein und gleichen Sie Erwartungen und Ziele ab.
- Kommunizieren Sie viel und klar!
- Legen Sie sich ein dickes Fell zu.

Geschäftsessen genießen

Beherrscht man die Regeln und Sitten bei Tisch, ist es ein Leichtes, konzentriert dem Gespräch des Partners zu folgen und sich ganz und gar auf den Inhalt des Geschäftstermins statt auf die Kartoffeln auf dem Teller zu konzentrieren.

Smart sein – auch beim Geschäftsessen

Stellen Sie bereits bei einer Einladung eindeutig klar, dass Sie der Gastgeber sind und bezahlen. Sagen Sie „**Ich** möchte Sie gerne zum Essen einladen. Passt Ihnen Dienstagabend?" statt „Wollen wir das mal bei einem Abendessen besprechen?", denn hier ist nicht klar, wer zahlt.

Das Bestellen eines Essens sollte nicht länger als 30 Sekunden dauern. Soll heißen, dass Sie die Speisekarte nicht ewig studieren und zahlreiche Änderungen am Menü vornehmen sollten. Oder möchten Sie den Eindruck vermitteln, dass Sie schon für einfache Entscheidungen viel Zeit benötigen? Wenn Sie einen dynamischen Eindruck hinterlassen möchten, schauen Sie sich die Speisekarte des Restaurants vorher im Internet an und treffen Sie eine Vorauswahl.

Die Durchführung

Sprechen Sie als gastgebende Person Empfehlungen zur Bestellung aus, damit die Gäste Sicherheit haben – nämlich über die Anzahl der Gänge und über das Preisniveau. Waren Sie bisher noch nicht in diesem Restaurant, sprechen Sie einfach über sich: „Ich glaube als Vorspeise nehme ich das Carpaccio und danach die Dorade." Jetzt sind alle Eingeladenen informiert. Sind Sie Gast, fragen Sie ruhig nach einer Empfehlung.

Der Abschluss

Wenn Sie am Ende des Essens nach der Rechnung fragen, sollte dies eine eindeutige Formulierung für den Servicemitarbeiter sein.

> ***Fragen Sie richtig nach der Rechnung***
>
> *„**Ich** hätte gerne die Rechnung."*
>
> *„Können Sie **mir** die Rechnung vorbereiten? Ich komme gleich zu Ihnen an die Bar."*

Es ist ein deutsches Phänomen, dass meistens gefragt wird. „Können wir die Rechnung haben?". Nun wird eventuell auch Ihr Gast leichtes Herzklopfen bekommen, dachte er doch, dass er eingeladen ist und der Kellner fragt dann am Tisch: „Geht das zusammen oder getrennt?"

Versuchen Sie die Rechnung in aller Ruhe alleine an der Bar zu studieren und zu bezahlen. Bei einer große Gruppe macht dies auf jeden Fall Sinn. Ab vier bis fünf Personen wird eine Rechnung schnell unübersichtlich und diese Variante ist für Sie die zielführendste. Sollten Sie nur einen Gast haben, können Sie die Rechnung am Tisch sitzend begleichen.

Gastgeberpflichten

Sie übernehmen die Gastgeberrolle, wenn Sie Ihre Kunden zum ersten Businesslunch oder -dinner einladen möchten. Und auch wenn Sie jünger sind oder eine weibliche Gastgeberin, werden Sie jetzt die Rolle übernehmen, es dem Gast/Kunden so angenehm wie möglich zu machen.

Outen Sie sich als Gastgeber: Treten Sie selbstbewusst auf den Kellner zu und sagen Sie, dass Sie gerne einen Tisch für zwei Personen hätten oder einen Tisch auf Ihren Namen reserviert haben. Dies ist das erste Indiz für den Kellner, dass Sie die einladende Person sind.

Übernehmen Sie die Getränkebestellung: Bestellen Sie als gastgebende Person die Getränke und probieren Sie den bestellten Wein, wenn Sie Flaschenwein bestellt haben.

!

Unsere Tipps

- Halten Sie dem Gast die Tür auf und lassen Sie ihn zuerst eintreten. Überholen Sie dann galant und outen sich beim Kellner als Gastgeber, der einen Tisch reserviert hat und somit auch Zahlender ist.
- Werden Sie zum Tisch geführt, lassen Sie dem Gast den Vortritt. Die Reihenfolge sieht also so aus: Oberkellner – Gast – Sie.
- Werden Sie nicht zum Tisch geführt, gehen Sie voran, denn Sie wissen, welchen Tisch Sie reserviert haben.
- Grüßen Sie die Tischnachbarn. In manchen Restaurants sind die Tische recht eng gestellt.
- Als guter Gastgeber geben Sie mit einer Bemerkung wie „Das Rinderfilet war das letzte Mal wirklich sehr gut" den Gästen einen Hinweis auf den preislichen Rahmen, in dem Sie sich bewegen möchten.

- Wählen Sie den Wein aus oder fragen Sie den Sommelier oder Oberkellner nach seiner Weinempfehlung.
- Der Gast bestellt zuerst.
- Als Gastgeber eröffnen Sie das Essen nicht mit den Worten „Guten Appetit", sondern durch das Erheben des Weinglases und einen netten Spruch. Ist dies bereits vor dem Essen geschehen, greifen Sie als Gastgeber, sobald alle etwas zu essen haben, zum Besteck.
- Als Gastgeber essen Sie immer langsamer als Ihre Gäste. Seien Sie nicht vor Ihrem Gast fertig mit dem Gang.

Tischmanieren – eine Übersicht

Es könnte sein, dass auf dem Gedeck ein Platzteller eingesetzt ist, auf dem die jeweiligen Speisen serviert werden. Legen Sie keine Speisen direkt auf den Platzteller!

Die Besteckteile sind in verkehrter Menüfolge von innen nach außen eingedeckt. Gegessen wird von außen nach innen.

Das Dessertbesteck finden Sie über dem Teller (je nach Dessertart Gabel und Löffel oder nur Löffel, dabei liegt der Löffel oberhalb der Gabel). Es wird vor dem Dessert vom Service nach unten gezogen (Gabel nach links, Löffel nach rechts).

Der Brotteller steht links vom Gedeck, das Brotmesser liegt am inneren Tellerrand.

Nichts vom Arrangement außer der Serviette sollte vom Gast verändert werden. Alle Teller und Gläser bleiben dort stehen oder werden an den Ort zurückgestellt, wo Sie sie hergenommen haben.

Sitzen Sie aufrecht mit den Händen auf dem Tisch.

Setzen Sie sich möglichst immer von rechts auf den Stuhl und vergessen Sie nicht: Der Gastgeber setzt sich zuletzt.

!

Unsere Tipps

- Denken Sie daran, dass ein benutztes Besteckteil nie mehr das Tischtuch berührt. Legen Sie also Messer und Gabel während des Essens auf dem Teller ab, auch das Abstützen des Bestecks am Tellerrand ist nicht stilvoll.
- Dass die Ellenbogen nicht auf dem Tisch abgestützt werden, haben Sie sicher schon gehört.
- Finden Sie zum Dessert eine kleine Gabel und einen Dessertlöffel eingedeckt, benutzen Sie den Löffel wie ein Messer in der rechten Hand. So können Sie bequem Obst teilen oder auch das Eis damit essen.

- Beenden Sie ein stilvolles Essen immer mit einem Espresso statt mit einem Cappuccino oder Latte Macchiato. Milch ist nicht förderlich für die Verdauung.
- Kaffeelöffel werden nicht abgeleckt.

Bestecksprache und -haltung

Es gibt keine Besteck-Geheimsprache. Sehr wohl aber eine Bestecksprache, die international in jedem Restaurant verstanden wird.

Bestecksprache	
	Benutztes Besteck berührt den Tisch nicht mehr – auch nicht auf dem Tellerrand abgestützt.
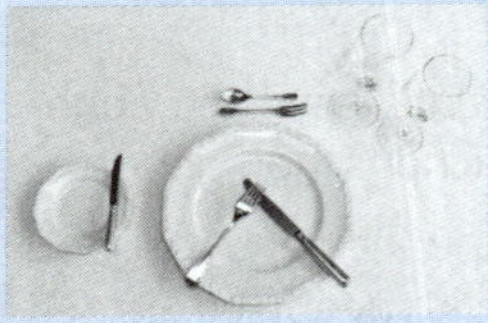	Pause: Besteck auf dem Teller kreuzen, Gabelzinken nach unten.

Bestecksprache	
	Ende: Sie sind mit dem Essen fertig.
	Suppenlöffel werden, wenn vorhanden, auf dem Unterteller abgelegt. Sowohl bei der Pause als auch wenn Sie fertig sind. Niemals in der Suppentasse zwischenlagern, wie auf dem Bild!

Neben der Bestecksprache ist auch die Besteckhaltung sehr wichtig. Als Rechtshänder haben Sie die Gabel in der linken, das Messer in der rechten Hand. Dabei sollte die Gabel von oben gegriffen werden, sodass die Zinken nach unten zeigen und der Griff der Gabel in der linken Hand verschwindet.

Das Messer wird gleichermaßen mit der rechten Hand von oben gegriffen, sodass der rechte Zeigefinger auf dem Griff einen leichten Druck ausüben kann. Bitte das Messer und die Gabel beim Schneiden wie im Bild benutzen. Das Messer ist kein Dolch, um das Fleisch zu töten, geschweige denn ein Skalpell, um es zu sezieren.

Auch die Gabel wird beim Schneiden von Fleisch auf diese viktorianische Art und Weise gehalten. Sollten Sie bis zum Ende des Essens diese Besteckhaltung einhalten können, ist das die schönste Variante des Essens.

Und wie geht das? Nachdem Sie ein Stück Fleisch geschnitten haben, werden Sie die Beilagen auf den Gabelrücken drapieren und die Gabel mit den Zinken nach unten zu Ihrem Mund führen. Dabei ist ein „Stopper" am Ende der Gabel (z. B. Fleisch) immer hilfreich.

! Gestikulieren Sie nicht mit dem Besteck in der Hand!

Es gibt Speisen, die auch ohne Besteck gegessen werden dürfen. Aber wann ist Fingerfood wirklich Fingerfood? Hierzu gibt es eine einfache Regel. Sobald Sie die Möglichkeit haben, Ihre Hände nach dem Essen zu säubern, z. B. mit der Fingerschale, die eingedeckt wurde oder einem Erfrischungstuch, das mit dem Hähnchen serviert wurde, können Sie die Speise mit den Fingern essen.

Bekommen Sie ein Essen, das Sie lieber mit den Fingern essen möchten, fragen Sie nach einer Fingerschale. Sie können sich das Leben also einfach machen. Eine ganze Garnele sollte normalerweise mit Messer und Gabel gegessen werden.

Bevorzugen Sie aber die leichtere Variante mit den Fingern, bestellt der Kenner die Garnele entweder „ausgelöst" oder fragt nach einer Fingerschale oder dem Erfrischungstuch.

> **!** *Unsere Tipps*
>
> - Es gibt keine Besteck-Geheimsprache – nur eine nonverbale Besteckkommunikation dafür, dass Sie pausieren (20 nach 7) oder das Essen beendet haben (Parallelstellung 20 nach 4).
> - Erst mit einer Fingerschale wird Ihre Mahlzeit zu Fingerfood.
> - Achten Sie vor allem beim Schneiden auf die viktorianische Besteckhaltung.

Umgang mit Serviette & Co.

Nach dem Hinsetzen haben Sie die Serviette vor sich in der Mitte Ihres Gedecks. Die Serviette werden Sie spätestens, wenn der erste Gang serviert wird, auf Ihren Schoß legen. Dabei ist die Serviette halb gefaltet und die offene Seite zeigt zur Ihrem Bauch.

Jedes Mal, wenn Sie etwas trinken möchten und haben vorher etwas gegessen, sollten Sie den Mund abtupfen. Verwenden Sie dabei immer nur die Innenseite der Serviette.

Dabei wird die Serviette vom Schoß in Richtung Gesicht gehoben, nicht das Gesicht in Richtung Serviette gebeugt.

!

Wenn Sie den Tisch verlassen möchten …

Möchten Sie sich zwischen den Gängen vom Tisch entfernen, entschuldigen Sie sich kurz bei Ihrem Gesprächspartner. Erklären Sie aber bitte nicht, was Sie vorhaben.

Es ist ein deutsches Phänomen, immer erklären zu wollen, was als Nächstes passiert. Es reicht vollkommen aus, sich wie folgt zu verabschieden: „Sie entschuldigen mich einen Augenblick …" oder „Ich bin gleich wieder da …". Wenn Sie dann den Tisch verlassen, legen Sie die (Papier-)Serviette auf die linke Seite Ihres Gedecks, eventuell sogar ein Stück auf Ihren Brotteller, wenn kein Platz sein sollte.

Am Ende des Essens wird die Serviette wieder auf die linke Seite Ihres Gedecks gelegt. Auch eine Papierserviette sollte links neben den Teller gelegt werden und nicht auf den Teller oder unter das Besteck auf dem Teller geklemmt werden. Wir versuchen, Papier und Essen zu trennen. Und im Allgemeinen sollten zunächst die Teller abgeräumt werden. Erst zum Schluss werden die Servietten vom Service eingesammelt.

Sie lassen also die Serviette bis zum Ende des Essens, sprich bis zum Kaffee auf dem Schoß. Erst, wenn das Gedeck bis auf die Gläser abgeräumt ist, wird die Serviette weggelegt.

!

Hände mit Serviette reinigen

Sollten Sie während des Essens Speisereste oder Soße an den Fingern haben, werden diese nicht abgeleckt, sondern wieder an der Innenseite der Serviette gesäubert.

Ein weiteres Phänomen ist der leer gegessene Brotkorb. Viele Gäste kommen ins Restaurant und das Erste, was passiert, ist der Griff zum Brotkorb. Wird dann die Vorspeise gebracht, muss oft weiteres Brot nachbestellt werden. Manchmal kann man auch beobachten, wie hungrige Gäste den Brotteller von der linken Seite in die Mitte ihres Gedecks stellen, um erst einmal das Brot als Mahlzeit zu sich zu nehmen.

Brot ist für die Vorspeise gedacht

Brot ist kein eigener Gang, sondern sollte lediglich begleitend zur Vorspeise gegessen werden.

Dabei wird das Brot in mundgerechte Stücke gebrochen und nicht am Stück wie eine Butterstulle geschmiert und genüsslich abgebissen.

Nehmen Sie sich immer so viel Dip oder Butter auf den Brotteller, wie Sie benötigen.

Brot darf dann vor der Vorspeise gegessen werden, wenn Sie mit dem Brot einen Dip, Schmalz oder Öl serviert bekommen oder schon den ersten Schluck Wein vor sich stehen haben. Brot allein oder mit Butter serviert, wird erst zur Vorspeise gegessen.

Anders als in vielen anderen Ländern, wird in Deutschland das Brot auch nicht dazu benutzt, um die Sauce zu stippen. Weder Suppe noch Sauce oder Vinaigrette werden mit dem Brot aufgesogen oder aufgetunkt.

!

Brot bis zum Hauptgang eingedeckt

Immer öfter wird das Brot erst nach dem Hauptgang abgeräumt, obwohl es in Deutschland nur bis zum Ende der Vorspeise „gebraucht" wird. Viele Restaurants orientieren sich anscheinend an der internationalen Kundschaft und belassen Brot und Brotteller bis zum Hauptgang auf dem Tisch. Gerade bei einem Fischgang ist dies verständlich, damit man die kleinsten Gräten, die im Hals stecken bleiben könnten, mit der Brotkruste herunterbekommt.

Entdecken Sie auf einem vorbestellten Menü eine Speise, die Sie nicht essen können oder möchten, dürfen Sie diese nach Absprache mit dem Kellner gerne gegen etwas anderes austauschen. Haben Sie keine Chance, vor dem Servieren mit dem Service zu sprechen, lassen Sie sich die Speise servieren und essen Sie nur das, was Sie essen können oder möchten. Es ist niemand verpflichtet, den Teller leer zu essen.

!

Gang nicht ausfallen lassen

Lassen Sie bitte keinen Gang ausfallen. Der Gastgeber wird mit dem Beginn des Essens warten, bis alle serviert bekommen haben.

Wenn Sie allerdings dem Kellner signalisiert haben, dass Sie den Gang auslassen möchten, hat der Gastgeber diese Absprache womöglich nicht mitbekommen und wartet vergebens darauf, dass auch die letzte Person ihre Speise bekommt.

Als Gastgeber sollten Sie gerade bei der Speisewahl à la Carte darauf achten, dass Gastgeber und Gäste möglichst die gleiche Anzahl Gänge zu sich nehmen. Wichtig ist, dass Sie den Gästen nicht alleine etwas vor essen. Haben Sie nur wenig Hunger, bestellen Sie eventuell eine kleinere oder halbe Portion.

> **!**
>
> ***Lieber Suppe als Salat***
>
> Müssen Sie beim Essen viel sprechen, was übrigens grundsätzlich passieren sollte, bestellen Sie lieber eine Suppe als Salat zur Vorspeise. Diese müssen Sie nicht lange kauen, sondern schlucken einmal kurz und schon haben Sie den Mund wieder frei zum Reden.

Handtasche oder das „Proletengedeck“ (bestehend aus Mobiltelefon, Geldbörse und Schlüssel) gehören nicht auf den Tisch.

> **!**
>
> ***Was tun mit Geldbörse, Handy und Schlüsselbund?***
>
> - Geldbörse: Es genügen ein bis zwei Kreditkarten oder Scheine, die Sie für die Bezahlung der Rechnung benötigen. Sämtliche Autoclub-, Krankenkassen- oder andere Beitragskarten bleiben im Portemonnaie daheim. Kleingeld benötigen Sie nur wenig. Eine Münze rechts und links im Jackett reicht aus für Garderobe oder Toilettenbenutzung.
> - Ein Smartphone sollte niemals auf dem Tisch liegen.

- Schlüsselbund: Hiervon benötigen Sie im Grunde nur Ihren Autoschlüssel bzw. die Fernbedienung Ihres Autos, der Rest ist im Auto eingeschlossen. Und der Autoschlüssel hat ohne Probleme Platz in Ihrer Hosentasche.

Frauen sollten die Handtasche möglichst nicht an die Stuhllehne hängen. Hier sollte der Service möglichst barrierefreien Zutritt haben, um Sie bedienen zu können. Große Taschen nehmen Sie am besten zwischen Ihre Füße, kleine Abendtaschen passen meist auf Ihren Stuhl zwischen Rücken und Lehne. Einige Restaurants bieten Ihnen auch einen Hocker in Höhe des linken Fußes an, auf den Sie die Tasche legen können, solange Sie essen.

!

Immer ganz angezogen bei Tisch

Für die Herren gilt, dass Sie Ihr Sakko beim Essen anbehalten. Kommen Sie nicht auf die Idee, dieses, bevor Sie sich hinsetzen, über die Stuhllehne zu hängen. Wir sitzen immer ganz angezogen beim Essen.

Das gilt übrigens auch für die Damenwelt im Sommer oder auf einem Ball. Während des Essens sollten die Schultern bedeckt sein. Sprich eine Stola oder ein Jäckchen bedecken Ihre Oberarme, wenn Sie ein sommerliches schulterfreies Kleid tragen.

Auf den Punkt gebracht

- Serviette auf den Schoß legen, bevor Sie die Speisekarte zur Hand nehmen. Bei einem vorbestellten Menü in größerer Runde greifen Sie zur Serviette, bevor der erste Gang serviert wird.
- Brot wird gebrochen, nicht geschnitten. Brechen Sie mundgerechte Stücke ab und bestreichen Sie diese dann mit Butter.
- Das kleine Buttermesser bleibt immer auf dem Brotteller liegen.
- Mit dem Essen beginnt man erst, wenn alle Gäste am Tisch einen Teller vor sich haben.
- Das bekannte „Guten Appetit!" sagt der Service, Sie greifen zu Messer und Gabel und starten das Essen. Schöner ist es, ein paar nette Worte mit erhobenem Glas zu den Gästen zu sprechen.
- Speisen erst probieren, dann würzen. (Alles erst einmal zu salzen ist stillos und wird den Koch oder Köchin nicht sehr erfreuen, vor allem wenn er im privaten Rahmen mit am Tisch sitzt.)
- Stampfen Sie keinesfalls Ihre Kartoffeln in der Sauce.
- Schneiden Sie Ihr Fleisch nicht in kleine Häppchen, die Sie dann mit der Gabel zu sich nehmen.
- Tupfen Sie vor dem Trinken Ihren Mund mit der Serviette ab. Hässliche Fettspuren machen sich nicht besonders gut auf einem Glas.
- Wer nicht durch unangenehmes Aufstoßen auffallen möchte, trinkt lieber stilles Wasser.

- Auf den Gebrauch von Zahnstochern und Lippenstift sollte man in Gegenwart anderer besser verzichten.
- Greifen Sie bei einem Geschäftsessen niemals übertrieben zu, das gilt selbstverständlich auch für Alkohol.
- Falls einmal ein Malheur passiert: souverän bleiben.
- Übrigens: Es ist ziemlich unhöflich, die Nichtraucher allein am Tisch zu lassen.
- Der Kaffeelöffel wird nicht abgeleckt.
- Smartphone im Restaurant nur zur Terminabsprache zücken.
- Papierservietten können Sie nach dem Essen, ebenso wie Stoffservietten, leicht zusammengefaltet links neben den Teller legen.
- Die Business-Frau darf als Gastgeberin selbstverständlich den Wein probieren und die Rechnung zahlen.
- Das Trinkgeld beträgt ca. zehn Prozent der Rechnungssumme – je nach Güte des Services.

Buffet-Knigge

Zur Eröffnung des Buffets sollten sich die gastgebenden Teilnehmer höflich zurückhalten. Der Erste am Buffet sollte ein Kunde oder Gast sein, nicht ein Mitarbeiter.

Wie oft darf man sich am Buffet Nachschlag nehmen? Eine Frage, die wir oft gestellt bekommen und deren Antwort lautet: So oft Sie möchten. Sie sollten nur die Menüfolge einhalten. Das heißt, Sie können gerne zweimal zur Suppe greifen oder auch einen Gang auslassen, aber nicht mit dem Dessert anfangen, nur weil dort weniger Personen anstehen.

Unsere Tipps

- „Das Buffet ist eröffnet" heißt nicht, dass Sie sofort losstürmen müssen. Wer sofort nach der Rede aufspringt, wirkt gierig. Lassen Sie den ersten Ansturm einfach vorbeiziehen.
- Reihenfolge einhalten. Die Speisenfolge sollte auch beim Buffet eingehalten werden, da der Koch die Aromen der Speisen aufeinander abstimmt. Einzelne Gänge können ausgelassen werden. Also: Suppe – Vorspeise – Hauptgericht – Dessert – Käse.
- Das Auge isst mit! Nicht verschiedene Gerichte auf dem Teller mixen. Bitte nicht kalt mit warm, süß mit salzig und Fisch mit Fleisch auf dem Teller mischen. Denn: Sie dürfen so oft zum Buffet gehen, wie Sie möchten.
- Den benutzten Teller nicht für den nächsten Gang zum Buffet mitnehmen. Der Kellner räumt ihn ab.
- Deko liegen lassen.

- Gegessen wird nur am Tisch. Das gilt auch morgens im Hotel beim Frühstück: Das erste Glas Orangensaft wird am Tisch getrunken, nicht am Buffet.
- Sie müssen mit dem Essen nicht auf die anderen Tischgäste warten. Wenn Sie gemeinsam vom Buffet zurückkommen, wäre es allerdings höflicher, auch gemeinsam zu beginnen.

Retrouvez toutes nos adresses localisées sur les cartes et plans grâce à un numéro coloré.

56 Restos · 35 Bars · 28 Boutiques

Le numéro renvoie à sa notice détaillée dans le chapitre concerné.

QUAND PARTIR ?

Le **printemps et l'été** sont les plus belles saisons pour profiter pleinement d'Amsterdam et découvrir ses charmes à vélo, le nez au vent ! En juillet et en août, la température varie entre 21 et 26 °C. Durant l'**hiver**, la ville ne manque pas de charme avec ses canaux gelés qui rappellent les paysages des peintres du Siècle d'or. Attention, on n'est jamais à l'abri des sautes d'humeur du climat hollandais. La pluie et les températures fraîches peuvent vous surprendre à tout moment...

POUR Y ALLER

EN AVION

Air France-KLM assure de nombreux vols quotidiens pour Schiphol au départ de Roissy, terminal 2F. Vols quotidiens depuis Bordeaux, Lyon, Marseille, Nice, Toulouse, Nantes et Strasbourg. Outre les tarifs week-end, le site Internet d'Air France propose tous les mercredis des prix cassés sur certaines destinations. On peut profiter de réductions en réservant son billet bien à l'avance.

☎ 36 54 • www.airfrance.fr

• www.klm.com

Transavia Airlines est une compagnie néerlandaise qui propose des vols aller-retour à partir de 31 € hors taxes, au départ de Montpellier, Grenoble et Toulon (arrivée à Rotterdam) et de Paris-Orly, Nice, Chambéry et Ajaccio (arrivée à Schiphol).

☎ 0892 05 88 88

• www.transavia.com

Easyjet propose des vols depuis Bâle-Mulhouse, Bordeaux, Genève, Lyon, Marseille, Nice, Toulouse ou encore Zurich à partir de 40 €.

www.easyjet.com

EN BUS

Flixbus et **BlaBlaBus** proposent des trajets pour Amsterdam, pour un prix moyen variant de 16,98 à 34,98 €. Le trajet dure de 7 à 10h selon le nombre d'arrêts. Il y a toujours, en revanche,

Se renseigner avant de partir

Office néerlandais du tourisme et des congrès

www.holland.com/fr

une correspondance à Paris depuis les autres villes de France.
www.flixbus.fr
• www.ouibus.com

EN TRAIN

Les trains **Thalys** desservent jusqu'à 13 fois par jour Amsterdam depuis Paris, en passant par Bruxelles, Anvers et Rotterdam en 3h19. **Tarifs :** aller simple à partir de 35 € en Standard, 72 € en Comfort et 135 € en Premium (avec repas, réservation de taxi, presse internationale et services). Profitez également de tarifs réduits grâce aux offres telles que Minigroup. Le WiFi est disponible à bord du train.
www.thalys.com • www.oui.sncf
• www.trainline.fr

DORMIR À AMSTERDAM

DANS QUEL QUARTIER LOGER ?

Pour un séjour à deux, le **centre historique** peut parfaitement convenir. Orientez-vous vers l'ouest si vous souhaitez trouver du calme tout en étant proche des principaux centres d'intérêt : le **Jordaan** (voir p. 60) est un point de chute idéal. Si vous êtes férus de musée, visez plutôt les quartiers situés entre le **Plantage** (voir p. 90) et le **quartier des musées** (voir p. 80). Ils sont agréables, plus ouverts et spacieux. En famille, prenez un peu de distance pour vous installer du côté du Plantage (voir p. 90) : ici, les musées sont pensés pour les enfants et l'offre en hôtels familiaux est plus fournie.
Le quartier est très bien desservi et permet de rejoindre rapidement le centre historique. Enfin, pour ceux qui souhaiteraient s'aventurer dans des quartiers en devenir, n'hésitez pas à traverser l'IJ, derrière la gare centrale, pour loger dans le flambant neuf **quartier nord** (voir p. 106) ou même au cœur des friches du **NDSM** : ambiance.

RÉSERVATION

Réservez bien à l'avance pour dénicher les bonnes affaires ! Car plus vous vous y prendrez tôt, plus vous parviendrez à loger près des centres névralgiques.
Le plus simple est de réserver en ligne. Sachez également que le 27 avril est jour de la **fête du Roi** (*Koningsdag*, voir p. 20), l'ambiance bat son plein dans toutes les villes hollandaises, et les hôtels sont pris d'assaut.
Centrale de réservation de l'office de tourisme : www.iaamsterdam.com

TARIFS

Comptez un minimum de 70 € la nuit pour les hôtels de base et entre 70 et 200 € pour des hôtels plus sélects (on peut même atteindre 400-500 €). La taxe de séjour est à ajouter.
Un hôtel confortable à Amsterdam coûtant cher, l'option Airbnb est aussi très élevée.
Retrouvez notre sélection d'adresses, p. 197-199.

Pour changer du resto

Si vous avez opté pour la location d'un **appartement** et que vous disposez donc d'une **cuisine**, voici quelques pistes pour vous sustenter. De nombreux bars et restaurants proposent de la **vente à emporter**, comme Kessens (voir p. 119), Poké Perfect (voir p. 124), The Lebanese Sajeria (voir p. 114), Van Dobben (voir p. 70), etc. Si vous souhaitez cuisiner, quelques **supérettes** proposent des plats typiques et des produits frais, qui vous permettront de tester les mets locaux pour une somme modique. Dans le registre bio et local, la chaîne **Marqt** (www.marqt.nl) est très présente dans le centre (5 boutiques) et vend de nombreux plats préparés de qualité. Ciblez également **Stadsmarkt De Pijp** (www.stadsmarktdepijp.nl), basé dans le Pijp, qui propose moins de plats tout prêts mais une belle palette de produits frais. N'oubliez pas, également, les marchés tels que **Albert Cuypmarkt** (voir p. 87).

ALLER DE L'AÉROPORT AU CENTRE-VILLE

EN TRAIN

Le plus rapide et le moins cher est de prendre le train qui vous emmène en 20 min à la gare centrale (Plan C2/D2) : des départs ont lieu toutes les 20 min (6h-1h) depuis la gare située en sous-sol du terminal. Des billets sont en vente aux guichets automatiques ouverts jour et nuit (env. 5 € l'aller).

EN BUS

L'aéroport de Schiphol se trouve à 18 km au sud-ouest d'Amsterdam. Pour vous rendre au centre-ville, vous avez plusieurs possibilités.
Le **bus Connexxion** (Schiphol Hotel Shuttle) part toutes les demi-heures (6h30-21h) devant la sortie principale de l'aéroport, à destination des principaux hôtels d'Amsterdam. Le billet (9,50-18,50 € l'aller) est à réserver en ligne de préférence. Vous pouvez vous renseigner au bureau du hall 4 (arrivées). Départ de la plateforme A7 Schipol Plaza.

☎ 88 339 47 41

• www.schipolhotelshuttle.nl

Le bus Amsterdam Airport Express (ligne 397 ou N97 la nuit) permet de rejoindre directement Museumplein, Rijksmuseum ou Leidseplein (6,50 € l'aller). Il part toutes les 7 min 30 à l'arrêt du bus B17 (www.connexxion.nl).

EN TAXI

Un taxi vous emmènera à la porte de votre hôtel pour environ 40 €. Il faut compter entre 30 min et 1h de trajet.

SE DÉPLACER

Étant donné la faible superficie de la ville et la difficulté d'y circuler en voiture - et surtout de trouver une place de parking -, **mieux vaut se balader à pied** en suivant le tracé des canaux. Pour des distances un peu plus longues, le plus simple et le plus agréable est d'utiliser les **trams**, qui desservent très bien toute la ville et sont très fréquents, ou de louer un vélo (voir p. 191). Notez toutefois l'ouverture d'une nouvelle ligne de métro, appelée « Noord/Zuidlijn », qui traverse Amsterdam du nord au sud en passant sous le centre-ville. Le plan des transports et les itinéraires s'en retrouvent modifiés.

EN MÉTRO, TRAMWAY, BUS

Ils circulent de 6h à 0h30. Les **bus** de nuit prennent la relève de 0h30 à 7h30. Le réseau de transports en commun est étendu, pratique, rapide et bon marché : 5 lignes de métro, 14 lignes de tram, 7 liaisons par bac, 32 lignes de bus et 12 lignes de bus de nuit. Une grande partie des **trams** qui partent de la gare centrale passent par le Dam et la Muntplein. Pour les autres stations, consultez le plan ou demandez au conducteur. Depuis l'arrivée de la nouvelle ligne de métro en 2018, les itinéraires des tramways ont beaucoup changé. Consultez le Journey Planner de la **GVB** ou télécharger l'application GVBapp (iOS ou Android) en cas de doute. Enfin, sachez que si vous avez loué un **vélo**, vous pouvez sans aucun problème le transporter dans le métro avec vous (sauf aux heures de pointe). Compter 1,80 € pour le vélo à ajouter au prix du billet (5 € en tout).

Retrouvez le plan des transports sur notre plan détachable.

Titres de transport

Vous pouvez acheter un billet à l'unité (valable 1h pour 3,20 €)

Vers un tourisme plus responsable

À l'instar d'autres villes touristiques, Amsterdam tente de réguler son flot de visiteurs. L'arrivée des offres d'hébergement à prix cassé a généré un important flux, que la municipalité considère désormais comme plus néfaste que bénéfique pour le quotidien des habitants pour qui le coût de la vie a augmenté. Ainsi, en vous adressant à l'**office de tourisme**, vous remarquerez que toutes leurs suggestions sont tournées vers des **quartiers situés hors du centre historique**. S'il est légitime d'avoir envie de visiter les quartiers les plus connus, suivez leurs conseils le temps d'une journée ! Vous découvrirez de jolies pépites, comme dans les quartiers nord, ou bien en prenant le large pour visiter les environs en kayak (voir p. 15).

I Amsterdam City Card

Cette carte à puce valable 24h, 48h, 72h, 96h ou 120h (65, 85, 105, 120 ou 130 €) donne libre accès à tous les transports publics, à une excursion en bateau-mouche et à 38 musées de la ville, dont le Rijksmuseum et le Van Gogh Museum (attention, même avec cette carte, il faut réserver son billet pour le Van Gogh Museum à l'avance sur le site Internet du musée, voir p. 82). En outre, elle offre une réduction de 25 % pour l'accès à certains sites (Madame Tussaud Museum, Heineken Experience, Hop on - hop off, location de vélos, etc.). En vente dans les offices de tourisme, kiosques GVB et certains hôtels. **www.iamsterdam.com**

aux automates dans les stations de métro ou auprès des conducteurs de bus et de tram. Vous pouvez également vous procurer la **OV-Chipkaart**, une carte à puce (personnalisée ou pas), valable 5 ans et rechargeable, qui permet de voyager sur tous les types de transports en commun.
La carte en elle-même coûte 7,50 €, puis vous pouvez la recharger d'un minimum de 4 € pour le bus, le métro et le tramway, et de 20 € pour le train. Autre possibilité : le **GVB Day Ticket** ou **Multi-Day Ticket**. Le ticket 1 jour vaut 8 € (4 € pour les 4-11 ans), 2 jours 13,50 €, 3 jours 19 €, 4 jours 24,50 €, 5 jours 29,50 €, 6 jours 34 €, 7 jours 34 €. Tous ces titres de transport sont en vente dans le kiosque de la **GVB** (la compagnie des transports publics) en face de la gare centrale, dans les billetteries automatiques de la gare et du métro, ou sur le site Internet. Le ticket 1 jour est aussi disponible dans le tram.
www.gvb.nl

À VÉLO

Avec la bicyclette, pas de problème de stationnement, pas de côtes, priorité absolue sur les voitures et les piétons (qui se font vertement rabrouer dès qu'ils osent mettre un orteil sur la piste cyclable). Le seul inconvénient est le vol, assez fréquent. Mieux vaut donc, lors de la location, s'assurer que le vélo est muni d'un antivol digne de ce nom. Les tarifs sont dégressifs selon la durée de la location. Attention ! La plupart des vélos n'ont qu'**une seule vitesse et un système de freinage par rétropédalage**, ce qui est déroutant au début. On vous demandera une **carte d'identité et une caution** de 50 à 100 €, ou une empreinte de votre carte bancaire, au moment de la location.

Frederic Rent a Bike
Un accueil en français et un prix rond (15 € pour 24h) tout compris pour des vélos classiques.

Binnen Wieringerstraat, 23 (Plan C1-2) • ☎ 624 55 09 • www.frederic.nl • T.l.j. 9h-17h30.

Mac Bike

Des locations à partir de 9,75 € pour 24h et un vaste choix de vélos pour adultes et enfants. Si vous êtes nombreux (réduction pour les groupes), rendez-vous plutôt au dépôt de la Waterlooplein.

Gare centrale Est (Centraal Station Oost) : Oosterdokskade, 63A (Plan D2) • Gare centrale Nord (Centraal Station Noord) : De Ruijterkade, 34B (Plan D2) • Weteringschans, 2 (Plan B4) • Waterlooplein, 199 (Plan I8) • Overtoom, 45 (Plan B4) • ☎ 620 09 85 • www.macbike.nl • T.l.j. 9h-18h.

Yellow Bike

Le spécialiste des visites guidées à vélo accompagnées par un guide anglophone parlant parfois le français. Location de vélo : 12 € pour 24h, 20 € pour 48h.

Nieuwezijds Kolk, 29 (Plan C1-2) • ☎ 620 69 40 • www.yellowbike.nl/fr • T.l.j. 9h30-17h • Départs : ven. et sam. 16h (durée 1h30) : 23,50 € ; t.l.j. 13h30 (durée 2h) : 24,50 € ; t.l.j. 10h durée 3h) : 29,50 € ; t.l.j. 10h30 (durée 4h) : 34,50 € (résa conseillée).

EN *PEDAL BOAT*

Le *pedal boat*, embarcation à pédales de 2 ou 4 places, se loue aux embarcadères suivants : près de Leidseplein (Plan B4), entre le Rijksmuseum et la brasserie Heineken (Plan B5), en face de la Westerkerk (Plan B2) et au coin de Keizersgracht/Leidsestraat entre mi-mars et début novembre (Plan B3). La caution est de 20 € et il faut compter 10 € l'heure/pers., 15 € l'heure et demie/pers. Une brochure avec le plan des canaux et 7 propositions d'itinéraires vous sera distribuée. Moyennant 10 € supplémentaires, vous pouvez laisser votre embarcation à l'embarcadère qui vous arrange le plus.

• ☎ 217 05 00 • www.stromma.com/fr-nl/amsterdam/sightseeing/croisieres/pedal-boat • T.l.j. 10h-18h (21h juil.-août).

EN BATEAU

La société de **transports publics (GVB)** organise des liaisons gratuites en bac entre le centre-ville et l'ancien chantier naval (NDSM-Terrein) ainsi que le cinéma EYE (arrêt Buiksloterweg). L'embarcadère se situe derrière la gare centrale. Comptez en moyenne un bateau toutes les 15 min le w.-e. (5 min en semaine) pour le Buiksloterweg, un bateau toutes les 15 min pour le NDSM (30 min le w.-e.) ; et un dernier départ aux alentours de minuit.

www.gvb.nl

Hop On – Hop Off Boat

Au départ de la gare centrale, 2 lignes assurent la liaison entre les principaux centres d'intérêt (musées et rues commerçantes) en suivant les plus beaux canaux. La **Blauwe Lijn** (ligne bleue), dessert 6 arrêts (sens est-ouest) : A'dam Lookout, maison d'Anne Frank, Leidseplein/Vondelpark, Rijksmuseum/Van Gogh

Pensez-y !

Formalités

Les ressortissants de l'Union européenne, y compris les mineurs, doivent être en possession d'une **carte d'identité ou d'un passeport** en cours de validité. Les enfants mineurs non accompagnés de l'un de leurs parents doivent, en outre, être en possession d'une autorisation de sortie du territoire (formulaire à télécharger sur : www.service-public.fr/particuliers/vosdroits/F1359).

Assurance

Les forfaits proposés par les voyagistes comprennent généralement une assurance assistance-rapatriement mais non l'assurance annulation et bagages. À condition de régler l'achat de votre billet d'avion ou de train avec une carte de paiement internationale, vous bénéficiez d'une assistance médicale et rapatriement. À défaut, il est toujours prudent de souscrire une assurance auprès d'un organisme agréé.

Europ Assistance : ☎ 01 41 85 93 65 • T.l.j. 24h/24h.

Santé

Si vous suivez un traitement médical, prenez vos médicaments avec vous car vous ne serez pas assuré de trouver les mêmes sur place. La carte européenne d'assurance maladie, à demander par courrier auprès de votre caisse d'assurance maladie, avant le départ, vous garantit l'accès aux prestataires de soin qui ont passé un accord avec une caisse maladie néerlandaise.

Douane

En venant de Belgique en voiture, vous entrerez aux Pays-Bas sans vous en rendre compte. Néanmoins, depuis les événements de 2016, la présence douanière a été renforcée et des contrôles sont effectués de manière aléatoire. Si vous voyagez en train, vous serez peut-être soumis à la fouille par les douaniers français ou belges en raison des trafics de drogue. Si la possession de 5 g de marijuana est autorisée aux Pays-Bas, cela devient tout à fait illégal une fois la frontière franchie ! Par ailleurs, vous pouvez acheter des biens pour vos besoins personnels sans limitation de quantité ou de valeur et sans formalité aux frontières de l'UE. Selon que vous êtes citoyen de l'UE ou non, les quantités de tabac et d'alcool que vous pouvez introduire ou rapporter des Pays-Bas varient.

Centre de renseignement des douanes : ☎ 0811 20 44 44 (depuis la France) • ☎ 00 33 1 72 40 78 50 (depuis les Pays-Bas) • www.douane.gouv.fr

Jours fériés en 2021

- **Jour de l'an**
- **2 avril (vendredi saint)**
- **5 avril (lundi de Pâques)**
- **27 avril (fête du Roi)**
- **1er mai (fête du travail)**
- **5 mai (jour de la libération)**
- **13 mai (Ascension)**
- **24 mai (lundi de Pentecôte)**
- **25 et 26 décembre (Noël)**

Museum, Gare centrale, Anne Frank (2e arrêt, derrière la maison d'Anne Frank). La **Rode Lijn** (ligne rouge) NEMO, Rembrandtplein/Hermitage, Heineken Experience/Albert Cuypmarkt, Rijksmuseum/Van Gogh Museum, Leidseplein/Vondelpark, Waterlooplein/Stopera, Gare centrale, Muziekgeboww aan 't ij/Bimhuis (70 min env.).

Les navettes partent toutes les 35 min. En général, ces lignes circulent de 10h à 18h (21h juil.-août). Le billet 24h est à 24,50 €, 33,50 € pour 48h sur l'ensemble du réseau, vous permettant de descendre et de monter quand vous le désirez. Les billets, valables jusqu'au lendemain midi, sont en vente dans les kiosques suivants : gare centrale, maison d'Anne Frank, Leidseplein et Rijksmuseum. Bon à savoir : des réductions sont accordées sur les entrées de musées, les transports et dans certains magasins et restaurants.

☎ 217 05 00 • www.stromma.com/fr-nl/amsterdam/sightseeing/croisieres/hop-on-hop-off-boat

Lovers canal cruises - CitySightseeing Amsterdam

Plusieurs formules permettent de découvrir la ville en bateau (ou bateau + bus) en partant de la gare centrale. Le billet forfaitaire (24 ou 48h) permet d'utiliser 2 lignes « Hop On - Hop Off » autant de fois que vous le désirez. Sont notamment desservis : la maison d'Anne Frank, le Rijksmuseum, le Van Gogh Museum et la brasserie Heineken. Les départs ont lieu toutes les 15-25 min de 10h à 17h. Croisières : à partir de 16 €. Billet forfaitaire : à partir de 27,50 € pour 24h et 49 € pour 48h.

Prins Hendrikkade, 25 (Plan I7) • ☎ 530 10 90 • www.lovers.nl

Open Boat Tours

Cette ligne de bateaux électriques offre un parcours de 75 min env. à travers la ville. Pas d'horaires précis : tout dépend de la météo. Le parcours n'est pas toujours le même.

☎ 217 05 00 • www.stromma.nl/fr/amsterdam/sightseeing/croisieres/open-boat-tours • 22,50 €/pers. • Départs : Stromma Damrak, Pier 6 ; Stromma Leidseplein ; Stromma Rijksmuseum ; Stromma Central Station East.

Tour en éco-bateau

L'association de guides francophones **Amsterdam bateau** propose des visites guidées de la ville en bateau électrique... où vous pouvez apporter votre apéro ! Ce tour d'1h30 est organisé 6 fois par

Amsterdam Gratuit

• Le Béguinage (voir p. 27) : l'un des plus emblématiques lieux de la ville.

• De septembre à juin, des concerts gratuits sont organisés au Concertgebouw (voir p. 84) le mercredi à 12h30. Le Nationale Opera & Ballet **(operaballet.nl)** fait la même chose le mardi à la même heure. Si vous êtes plutôt porté sur le jazz, rendez-vous le mardi (sauf l'été) à 20h au BIMhuis (voir p. 155) pour une jam-session **(www.bimhuis.nl).**

• La bibliothèque publique (voir p. 95) propose nombre de distractions gratuites : expos, activités enfants, piano en libre service **(www.oba.nl).**

• Le diamantaire Gassan (voir p. 55) organise des visites gratuites pour faire découvrir l'univers de la pierre précieuse **(www.gassan diamonds.nl).**

• Sandeman organise des visites gratuites. Départs : t.l.j. 10h30, 11h, 13h30 et 14h devant le Monument national de la place du Dam. Pourboires bienvenus, résa en ligne **(www.neweuropetours.eu/amsterdam-walking-tours).**

• Les bacs qui naviguent sur l'IJ permettent de faire une agréable balade en bateau (voir p. 192).

jour (10 participants min, 30 max).
Départ : Oosterdokskade, 8 (à coté du restaurant chinois Sea Palace) • ☎ 0641 176 032 • www.amsterdam-bateau.com • 30 €/pers.

EN TAXI

Les taxis sont peu nombreux et chers à Amsterdam. Les Amstellodamois les utilisent le plus souvent pour des trajets de nuit. Les stations se trouvent aux abords de la gare centrale, de Leidseplein, de Rembrandtplein, du Nieuwmarkt, de Waterlooplein, du Dam et du Spui.
Numéro d'appel central : ☎ 677 77 77.

À VOIR, À FAIRE

OFFICES DE TOURISME

En plus de vous délivrer des dépliants sur Amsterdam, le personnel peut vous renseigner sur les spectacles, les excursions et les hôtels, en se chargeant même des réservations si vous le désirez. Attention, les offices de tourisme sont souvent bondés. Le mieux est de vous renseigner au maximum avant de partir.
I Amsterdam Visitor Center : Stationsplein, 10 (Plan H6/I6)
• Schiphol : terminal 2, dans le hall

d'arrivée • ☎ 702 60 00 • www.iamsterdam.com • Stationsplein : t.l.j. 9h-18h, Schipol : t.l.j. 7h-22h.

VISITES GUIDÉES

Pour bénéficier des lumières d'un guide érudit, voici plusieurs pistes :

À pied

• Amsterdam autrement

Amstellodamoise professeur de français, Els a à cœur de faire découvrir sa ville aux francophones. Elle organise 4 parcours (15-20 €) qui permettent d'appréhender la capitale : Jordaan, l'ancien chantier naval, les îles occidentales, la vieille ville.

☎ 633 88 30 31 • www.amsterdamautrement.nl • Horaires variables.

• Amsterdam sur mesure

Ancienne responsable de la presse internationale pour la ville, Lilian Tilmans crée des visites haut de gamme sur mesure, notamment en français.

☎ 683 928 695 • lilian@amsterdampersonalized.com • tilmans@ceryx.nl • amsterdampersonalized.nl

À vélo

• Amsterdam à vélo

Ici, toute une équipe ultra-dynamique est à votre disposition pour vous aider à découvrir la ville. Ne vous fiez pas au nom : s'ils proposent effectivement d'agréables balades à vélo (centre, nature ou Java et KNSM ; de 25 à 30 €), les guides s'occupent également des visites de musées et des tours en bateau.

Spuistraat, 110 (Plan G6) • ☎ 641 17 60 32 • www.amsterdam-velo.com • T.l.j. à 9h30, 12h30, 15h30.

En bateau-mouche

Plusieurs agences de bateaux-mouche proposent des départs toutes les 15 min de 9h à 18h et toutes les 45 min de 18h à 22h. Départ à la gare centrale ou au Rokin. Vérifiez la langue des visites avant d'acheter votre billet car toutes les compagnies n'ont pas un circuit en français.

• Salonboot Paradis

Pour faire une balade superchic sur les canaux, la location d'un élégant salon-bateau en bois datant de 1920 est le must absolu (250 € la 1re heure, puis 180 €/h). Vous aurez accès au bar et vous pourrez commander un buffet. Ce bateau-salon accueille 12 personnes et 6 personnes peuvent y dîner.

☎ 684 93 38 • www.privateboattours.nl

MUSÉES

La plupart des musées ouvrent leurs portes de 10h à 17h du lundi au samedi et à partir de 13h le dimanche. Si les musées importants sont ouverts tous les jours, certains ferment le lundi et le dimanche matin (jusqu'à 11h ou 13h). Les jours fériés, ils adoptent l'horaire du dimanche sauf les 1er janvier, 27 avril et 25 décembre, dates auxquelles ils sont fermés. Les

Bon à savoir

Heure locale et voltage

Le courant est, aux Pays-Bas comme en France, de 220 volts et les prises sont identiques. Vous vivrez aussi à Amsterdam à la même heure qu'en France, hiver comme été.

Banques

Horaires : mar.-ven. de 9h/10h à 16h/17h ; et à partir de 13h le lundi.

Téléphoner

Pour téléphoner depuis la France aux Pays-Bas, composez le 00 31, suivi de l'indicatif de la ville (le 20 pour Amsterdam). Pour téléphoner en France, il faut composer le 00 suivi de 33 puis le numéro de votre correspondant sans le 0 initial. Dans Amsterdam même, il suffit de composer le numéro à 7 chiffres. Il doit être précédé du 020 si vous appelez d'une autre ville des Pays-Bas.

Depuis juin 2017, les **frais d'itinérance** *(roaming)* ne vous sont plus facturés par votre opérateur mobile lors de vos voyages dans les pays de l'Union européenne. Vos communications à Amsterdam vous coûteront le même prix que vos communications nationales. Renseignez-vous auprès de votre opérateur.

Écrire

Les timbres sont en vente chez les marchands de journaux et les buralistes. Le tarif pour une lettre de 20 g est de 1,50 € en envoi classique. Glissez votre courrier pour l'étranger dans la fente *overige bestemmingen* des boîtes aux lettres rouges ou orange de la TNT Post.

Numéros utiles

Urgences : ☎ 112.
Consulat de France : Vijzelgracht, 2 (Plan C4) • ☎ 530 69 69.
Police : N° général ☎ 0900 88 44 • Bureau central : Elandsgracht, 117 (Plan B3) • Schiphol : ☎ 0800 18 14. Objets trouvés : Schiphol, ☎ 333 03 33 • Toutes les gares et tous les trains : ☎ 030 75 15/55 • Bus, trams et métros : ☎ 0900 80 11 et www.gvb.nl/klantenservice/verloren-voorwerpen

étudiants, les jeunes de 6 à 18 ans et les seniors (plus de 65 ans) bénéficient d'un tarif réduit, sur présentation d'un justificatif.

Voir « Nos conseils de visite pour gagner du temps » p. 25.

SPECTACLES

Pour assister aux concerts et aux spectacles (théâtre, danse ou opéra), vous pouvez vous rendre aux **guichets des salles** ou acheter les tickets sur le site Internet **Last Minute Ticket** à partir de 10h, à moitié prix, pour le soir même.

- ☎ 0900 01 91 (0,40 €/min)
- www.lastminuteticketshop.nl

ET LE BUDGET ?

Comme la plupart des capitales européennes, Amsterdam n'est pas une ville particulièrement bon marché. Les hôtels et restaurants pratiquent des prix assez élevés. En revanche, il est possible le midi de manger sur le pouce ou un plat du jour à petit prix. Les boissons, même dans des cafés avec terrasse et belle vue, restent accessibles. Pour les visites de musées, le mieux est de se doter de l'**I Amsterdam City Card** (voir p. 191).

COMMENT PAYER ?

Les Pays-Bas étant un pays de la zone euro, vous pouvez y effectuer vos retraits et paiements par carte (Visa, MasterCard, etc.) comme vous le feriez en France. Tous vos paiements par carte sont gratuits et vos retraits sont soumis aux mêmes conditions tarifaires qu'en France (ils sont donc gratuits pour la plupart des cartes bancaires).
Les règlements par carte sont majoritairement acceptés dans les hôtels et les restaurants : une pièce d'identité pourra vous être demandée. Si certains petits commerçants préfèrent les espèces, vous pourrez en retirer aisément à l'un des distributeurs à proximité. Renseignez-vous auprès de votre banque avant de partir pour vous assurer que vos plafonds de retrait et de paiement à l'étranger sont activés et pour connaître les montants hebdomadaires autorisés.

PERTE OU VOL DE CARTE BANCAIRE

Avant de partir, n'oubliez pas de noter les 16 chiffres de votre carte bancaire, qui vous seront demandés en cas d'opposition.
Visa : ☎ 0800 022 3110 depuis les Pays-Bas • www.visa.fr
MasterCard : ☎ 0800 022 5821 depuis les Pays-Bas • www.mastercard.com/fr
American Express : ☎ 0033 1 47 77 72 00 • www.americanexpress.com
Numéro depuis l'étranger pour toutes les cartes : ☎ 0033 442 605 303.

Nos hôtels
PAR QUARTIER

Le Dam (Quartier 2 - p. 32)

WESTCORD CITY CENTRE

Hôtel de 106 chambres au look design. Super confort, couettes moelleuses, salles de bains agréables. Consultez le site Internet pour profiter des offres week-end !

N.Z. Voorburgwal, 50 (Plan G6)
• ☎ 422 00 11
• www.westcordhotels.nl
• De 89 à 289 €.

THE EXCHANGE

Les propriétaires du Lloyd Hotel (voir p. 201) ont investi le Damrak en regroupant deux anciens bâtiments historiques pour créer un hôtel original aux chambres qui sont classées de 1 à 5 étoiles, conçues notamment par de jeunes designers. Un concept qui permet à tous les portefeuilles de se loger.

Damrak, 50 (Plan H6) • ☎ 523 00 80
• www.hoteltheexchange.com
• De 90 à 300 €.

ST CHRISTOPHER'S AT THE WINSTON

Cet hôtel dispose de 59 chambres toutes décorées par des artistes de toutes nationalités.

Warmoesstraat, 129 (Plan H7)
• ☎ 623 13 80 • www.winston.nl
• De 74 à 160 €.

Le Jordaan (Quartier 7 - p. 60)

'T HOTEL

Ce charmant bed & breakfast est aménagé dans une belle maison du XVIIe s. Trois de ses 8 chambres ont une vue sur le canal Leliegracht, les autres sur les jardins.

Leliegracht, 18 (Plan B2)
• Trams 13, 14 et 17 • ☎ 422 27 41
• www.thotel.nl • De 139 à 200 €.

Rembrandtplein (Quartier 9 - p. 68)

PRINSENHOF

Un petit hôtel plein de charme de 10 chambres, décorées avec goût, pour les petits budgets et pour ceux qui ne redoutent pas les escaliers raides.

Prinsengracht, 810 (Plan C4) • Tram 4
• ☎ 623 17 72 • www.prinsenhof.amsterdam • À partir de 130 €.

Leidseplein (Quartier 11 - p. 76)

KEIZERSHOF

C'est dans une bâtisse datant du XVIIe s. que Mme De Vries vous reçoit dans une atmosphère typiquement hollandaise, avec mobilier d'époque et linge de maison à l'ancienne. L'établissement est idéalement situé pour visiter la ville.

Keizersgracht, 618 (Plan C4) • Trams 25 • ☎ 622 28 55• www.hotelkeizershof.nl • De 95 à 150 €.

BOUTIQUE HOTEL VIEW

Une ambiance chaleureuse et familiale pour cet hôtel de quelques chambres en bord de canal. À l'écart de l'agitation de Leidseplein, une excellente adresse pour rayonner dans la ville facilement tout en dormant au calme. Petits déjeuners copieux, non inclus.

Leidsekade, 77 (Plan B4) • ☎ 528 9668 • www.boutiquehotelview.nl/fr • De 120 à 180 €.

Le quartier des musées et Vondelpark (Quartier 12 - p. 80)

CONSERVATORIUM

Cet ancien conservatoire a été rénové avec brio : le mélange de design contemporain et les emprunts à l'héritage hollandais fait merveille.

Van Baerlestraat, 27 (Plan B5) • Trams 3, 5 et 12 • ☎ 570 00 00 • www.conservatoriumhotel.com • À partir de 450 €.

De Pijp (Quartier 13 - p. 86)

HOTEL V

Situé près de Frederiksplein, ce boutique-hôtel, installé dans un immeuble de brique, propose des chambres confortables. La décoration est moderne et design.

Weteringschans, 136 (Plan C5) • Trams 1 et 7 • ☎ 662 32 33 • www.hotelvfrederiksplein.nl/fr • De 120 à 170 €.

Plantage (Quartier 14 - p. 90)

GENERATOR

Cette auberge de jeunesse nouvelle génération s'est installée en bordure de l'Oosterpark. Les chambres sont spacieuses, la literie est bonne et chaque lit dispose d'une prise USB. Moderne et design, elle plaira aussi bien aux backpackers qu'aux couples.

L'établissement dispose d'espaces en commun : bar, snack pour déjeuner ou dîner (salades, burgers, etc.), coin salon, etc. Possibilité de location de vélos sur place. C'est une très bonne adresse.
Mauritskade, 57 (Plan E4) • Tram 9 • ☎ 708 56 00 • https://staygenerator.com/destinations/amsterdam • De 15 € (en dortoir) à plus de 100 € (en chambre privée) avec petit déjeuner.

HOTEL PARKLANE

Dans un environnement boisé et avec un décor légèrement suranné, cet établissement est à l'écart de l'agitation. Des chambres sobres mais relativement spacieuses pour Amsterdam, et la proximité d'un parc font tout le charme de cet hôtel.
Plantage Parklaan, 16 (Plan E3) • ☎ 622 48 04 • www.hotel-parklane.nl • De 100 à 200 € (petit déjeuner inclus).

HOTEL ARENA

Un cadre exceptionnel pour cet hôtel situé dans un parc où se dresse une chapelle en brique, un étang et de grandes promenades. Rénové, l'établissement dispose d'un grand espace de restauration cosy et de chambres disposant de tout le confort. Un peu excentré mais très charmant.
's-Gravesandestraat, 55 (Plan E4) • ☎ 850 24 00 • www.hotelarena.nl • De 90 € à 280 € (petit déjeuner non inclus).

Autour de Centraal Station (Quartier 15 - p. 94)

A-TRAIN HOTEL

À deux pas de la gare, une halte façon Orient-Express dans cette maison du XVIIe s. Les 34 chambres sont très agréables et dotées de toutes les facilités d'un grand hôtel.
Prins Hendrikkade, 23 (Plan H6) • ☎ 624 19 42 • www.atrainhotel.com • De 87 à 300 €.

Le port et les îles orientales (Quartier 16 - p. 98)

LLOYD HOTEL

Magnifique bâtiment historique devenu temple du design (voir p. 101), l'hôtel s'adapte à tous les budgets. Il propose une gamme d'hébergements allant de la rudimentaire (mais graphique) chambre 1-étoile avec salle de bains partagée aux versions 5-étoiles de 50 m², ornées d'œuvres de designers hollandais.
Oostelijke Handelskade, 34 (Carte p. 98) • Tram 26 Rietlandpark • ☎ 561 36 36 • www.lloyd.nl • De 50 à 100 € la double 1-étoile • De 75 à 120 € la double 2-étoiles • De 90 à 150 € la double 3-étoiles • De 120 à 200 € la double 4-étoiles • De 140 à 250 € la double 5-étoiles.

Lexique

EXPRESSIONS USUELLES

Après-midi : ***Middag***
Au revoir : ***Tot ziens***
Boire : ***Drinken***
Bonjour (le matin) : ***Goedemorgen***
Bonjour (à partir de midi) : ***Goedemiddag***
Bonjour : ***Goedendag, dag***
Bonsoir : ***Goedenavond***
Manger : ***Eten***
Matin : ***Ochtend***
Merci : ***Dank u wel***
S'il vous plaît : ***Alstublieft***
Soir : ***Avond***
C'est trop cher : ***Het is te duur***
Combien cela vaut-il ? : ***Hoeveel kost het ?***
Comprenez-vous ? : ***Verstaat u me ?***
Excusez-moi : ***Sorry, pardon***
Je ne comprends pas : ***Ik versta u niet***
Je veux : ***Ik wil***
Je voudrais : ***Ik had graag***
Parlez-vous français ? : ***Spreekt u Frans ?***

ESPACE ET TEMPS

À demain : ***Tot morgen***
Après : ***Na***
Aujourd'hui : ***Vandaag***
Avant : ***Voor***
Demain : ***Morgen***
Encore : ***Nog***
Heure : ***Uur***
Hier : ***Gisteren***
Horloge : ***Klok***
Là-haut : ***Daar boven***
Maintenant : ***Nu***
Minute : ***Minuut***
Montre : ***Horloge***
Où : ***Waar***
Pendant : ***Gedurende, tijdens***
Près : ***Dichtbij***
Quand : ***Wanneer***
Quart d'heure : ***Kwartier***
Tard : ***Laat***
Tôt : ***Vroeg***
Quelle heure est-il ? : ***Hoe laat is het ?***
Il est une heure : ***Het is één uur***
Il est midi : ***Het is 12 uur***
Il est minuit : ***Het is middernacht***

FAIRE DU SHOPPING

Antiquité : ***Antiek***
Argent : ***Geld***
Argent (matière) : ***Zilver***
Bottes : ***Laarzen***
Boutique : ***Winkel***
Carreau : ***Ruit*** / tissu à carreaux : ***Schotse ruit***
Casquette : ***Pet***
Ceinture : ***Riem***
Chapeau : ***Hoed***
Chaussettes : ***Sokken***
Chaussures : ***Schoenen***
Chaussures à lacets : ***Schoenen met veters***
Chemise : ***Hemd***
Coton : ***Katoen***
Cravate : ***Das, stropdas***
Cuir : ***Leer, leder***
Dentelle : ***Kantwerk***
Drap : ***Laken***
Étiquette : ***Etiket***
Grand magasin : ***Warenhuis***
Imperméable : ***Regenjas***
Jouet : ***Speelgoed***
Jupe : ***Rok***
Jupe droite : ***Rechte rok***
Jupe plissée : ***Plooirok***
Lacet : ***Veter***
Laine : ***Wol***
Livre : ***Boek***
Marché : ***Markt***
Mocassin : ***Mocassin***
Mode : ***Mode***
Nappe : ***Tafelkleed***
Napperon : ***Kleedje***
Or : ***Goud***
Pardessus : ***Overjas***
Pointure : ***Schoenmaat***
Pois : ***Stip*** / Tissu à pois : ***Stof met stippen***
Prix : ***Prijs***
Pull-over : ***Pullover, trui***
Rayure : ***Streep*** / Tissu à rayures : ***Stof met strepen***
Rétrécir : ***Krimpen***
Robe : ***Jurk***
Sac : ***Tas*** / Sac à main : ***Handtas***
Serviettes (de bain) : ***Handdoeken***
Serviettes (de table) : ***Servetten***
Soie : ***Zijde***
Soldes : ***Uitverkoop***
Sous-vêtements : ***Ondergoed***
Soutien-gorge : ***B.H. (Bustenhouder)***
Supermarché : ***Supermarkt***
Taie d'oreiller : ***Kussensloop***
Talons hauts : ***Hoge hakken***
Uni : ***Effen***
Veste : ***Jas***
Veste croisée : ***Gekruisde jas***
Veste droite : ***Rechte jas***

À LA DOUANE

Carte d'identité : ***Identiteitskaart***
Carte verte : ***Groene kaart***
Devises étrangères : ***Vreemde valuta***

Douanier : ***Douanier***
Objets personnels : ***Persoonlijke voorwerpen***
Objets usagés : ***Gebruikte voorwerpen***
Passeport : ***Paspoort***
Rien à déclarer ? : ***Heeft u iets aan te geven ?***

À L'HÔTEL

Une chambre à un lit : ***Een kamer met een eenpersoonsbed***
Une chambre à lit double : ***Een kamer met een tweepersoonsbed***
Une chambre à deux lits : ***Een kamer met twee bedden***
Lit à deux places : ***Tweepersoonsbed***
Réservation : ***Reservering***
Salle de bains particulière : ***Privé badkamer***
Avez-vous des chambres ? : ***Zijn er nog kamers vrij ?***
Je voudrais une chambre : ***Ik wil graag een kamer***
Quel est le prix ? : ***Hoeveel kost het ?***

AU RESTAURANT

Addition : ***Rekening***
Agneau : ***Lamsvlees***
Assiette : ***Bord***
Beurre : ***Boter***
Bière : ***Bier***
Bœuf : ***Rundvlees***
Boisson (sans alcool) : ***Alcoholvrije drank***
Boisson alcoolisée : ***Sterke drank***
Bouteille : ***Fles***
Canard : ***Eend***
Côtelette : ***Koteletje***
Couteau : ***Mes***
Cuillère : ***Lepel***
Déjeuner : ***Lunch***
Dessert : ***Nagerecht***
Dîner : ***Diner***
Eau : ***Water***
Fourchette : ***Vork***
Fromage : ***Kaas***
Garçon : ***Ober***
Huile : ***Olie***
Menu (carte) : ***Menukaart***
Moutarde : ***Mosterd***
Pain : ***Brood***
Petit déjeuner : ***Ontbijt***
Pommes frites : ***Friet, patat***
Repas : ***Maaltijd***
Rôti : ***Gebraad***
Salade : ***Salade***
Service compris : ***Bediening inbegrepen***
Viande : ***Vlees***
Vin : ***Wijn***

EN VILLE

À droite : ***Rechtsaf***
À gauche : ***Linksaf***
Église : ***Kerk***
Métro : ***Sneltram, metro***
Rue : ***Straat***
Taxi : ***Taxi***
Timbre-poste : ***Postzegel***
Tournant : ***Bocht***

Index

CRÉDIT PHOTOGRAPHIQUE

Les photographies de cet ouvrage ont été réalisées par **Jérôme Plon,** à l'exception de celles des pages suivantes :

© ImageBROKER/Hemis : p. 1.**© arkanto/Shutterstock :** p 6 (h). **© René Mattes/Hemis :** p. 12 (c), 35, 111 (b). **© Bert de Boer/Shutterstock :** p. 7 (h). **© Anne Frank Huis/Juul Hondius :** p. 7 (b).**© Amanda Hall/Robert Harding/Getty Images :** p. 8 (c). **© Petr Kovalenkov/Shutterstock :** p. 8 (b). **© This is Holland :** p. 11 (c). **© Chris Hil /Getty Images :** p. 11 (h). **© dixkom/Shutterstock :** p. 12 (h. g.). **© TonyV3112/Shutterstock :** p. 12 (b. g.). **© TasfotoNL/Shutterstock :** p. 13 (b). **© Bibikow Walter/Hemis :** p. 14 (h). **© InnervisionArt/Shutterstock :** p. 15 (h). **© Marjolaine Koch :** p. 15 (b), 66 (b), 75, 117, 120, 171. **© Protasov AN/Shutterstock :** p. 17. **© Jean-Baptiste Rabouan/Hemis :** p. 19. **© Jean-Pierre Lescourret/Getty Images :** p. 27. **© Photothèque Hachette :** p. 31. **© PlusONE/Shutterstock :** p. 34. **© Alamy/Hemis :** p. 42, 55, 71. **© Tamara_Kr/Shutterstock :** p. 46. **© Mikhail Markovski/Shutterstock :** p. 49. **© Peter Horree/AgeFotostock :** p. 57. **© Anne Frankhuis/Cris Toala Olivares :** p. 61. **© Museimage/Getty Images :** p. 66 (h). **© www.hollandfoto.net/Shutterstock :** p. 67. **© Tupungato/Shutterstock :** p. 78. **© Anton Havelaar/Shutterstock :** p. 83. **© Pe3k/Shutterstock :** p. 87. **© Micropia/Maarten van der Wal :** p. 93. **© Jean-Pierre Lescourret/Hemis :** p. 95, 100. **© Ludovic Maisant/Hemis :** p. 102. **© Photobeginner/Shutterstock :** p. 105. **© Greenwoods :** p. 114. **© Pluk :** p. 123. **© De Silveren Spiegel :** p. 126. **© Ariyani Tedjo/Shutterstock :** p. 129. **© JeniFoto/Shutterstock :** p. 133. **© Frascati Theater/Bas de Brouwer :** p. 141. **© Sylvain Sonnet/Getty Images :** p. 145 **© Vesper/Ming Chao :** p. 154. **© Canvas/Raymond van Mil :** p. 156. **©Sophia van den Hoek/Mendo :** p. 159, 169. **© Laundry Industry :** p. 161. **© Lena Library/Bo van Veen :** p. 170. **© Gerrit Braaksma/Tinkerbell** p. 176. **© polspotten.nl (pols potten studio) :** p. 182. **© Kramer Kunst/Daniel Heikens :** p. 184. **© bluecrayola/Shutterstock :** p. 185.

© Stedelijk Museum : p. 83.
© NEMO (National Center for Science and Technology), Amsterdam, The Netherlands, Renzo Piano Building Workshop, architects : p. 11, p. 10C.
© Jeroen Musch/WEST 8 : p. 103.

Couverture
Plat 1, haut : © Adisa/AdobeStock ; bas : © Alexander Spatari/Getty Images.
Plat 4, haut : © Jérôme Plon ; bas (NDSM) : © Jérôme Plon.